U0192341

电力系统
调相调压计算

孔庆东　等　编著

中国电力出版社
CHINA ELECTRIC POWER PRESS

内 容 提 要

本书简述了电力系统构成、电网规划设计内容、电力系统计算，对电力系统调相调压计算的目的进行介绍，讲述了调相、调压计算的定义，调相、调压计算的方法。书中给出各种电压等级［500、220、110（66）kV］电网的变电站的调相调压计算、各种类型发电厂（火电厂、水电站、风电场、太阳能发电厂）接入各种电压等级［500、220、110（66）kV］电网的调相调压计算，并给出调相调压计算结果及其分析的实例。指导读者参考本书给出的电压等级、变电站或发电厂对应类型的计算实例，进行调相调压计算。

本书与《发电、输变电工程接入系统设计报告编写指南》和《电网规划设计报告编写范本》的内容相辅相成，只要认真阅读这三本书，并按书中给出的方法操作，就可以顺利圆满地完成各种类型发电、输变电工程接入系统报告、电网规划设计报告及其相应的调相调压计算，以及电力系统规划与设计的全部工作。

本书可供电力系统生产运行、调度管理人员，变电站、发电厂运行人员，电力系统规划、设计人员，城乡电网规划、设计人员，电力系统有关科研试验人员，以及相关专业的院校教师和学生学习参考。

图书在版编目（CIP）数据

电力系统调相调压计算/孔庆东等编著. —北京：中国电力出版社，2020.6（2024.7 重印）
ISBN 978-7-5198-4312-0

Ⅰ．①电⋯　Ⅱ．①孔⋯　Ⅲ．①电力系统计算　Ⅳ．①TM744

中国版本图书馆 CIP 数据核字（2020）第 024630 号

出版发行：中国电力出版社
地　　址：北京市东城区北京站西街 19 号（邮政编码 100005）
网　　址：http://www.cepp.sgcc.com.cn
责任编辑：陈　丽（010-63412348）
责任校对：黄　蓓　常燕昆
装帧设计：赵姗姗
责任印制：石　雷

印　　刷：北京九州迅驰传媒文化有限公司
版　　次：2020 年 6 月第一版
印　　次：2024 年 7 月北京第二次印刷
开　　本：710 毫米×1000 毫米　16 开本
印　　张：12.25
字　　数：218 千字
印　　数：1001—1500 册
定　　价：50.00 元

前　　言

　　电力系统各级电压用户要求各种运行方式,用户侧电压最好为额定电压,因电压偏高会烧毁设备（如电灯）、降低晶体管的寿命,甚至击穿设备绝缘。电压偏低,电动机发热加速绝缘老化,严重时会烧毁电动机、晶体管工作点不稳定失真,严重时甚至不能工作;引起电网的网损增加,电网中静电电容器出力降低;严重时会引起电网的电压崩溃。电压偏差大、电压波动过大将影响工农业生产以及产品的质量和产量。故电力系统把电网的电压偏差、电压波动,作为衡量电网供电质量与运行水平的主要指标之一。

　　调相调压计算工作在电力系统生产运行和规划设计中是非常重要的一项工作。电力公司在进行"电网生产运行的年度运行方式"规划设计时,都要进行调相调压计算;电网规划设计院在进行电网规划设计时、完成各种类型电厂接入电力系统、各种类型变电站接入系统的设计规划工作时,都要进行调相调压计算。

　　目前尚无全面系统的介绍电力系统调相调压计算的专著,于是作者总结60年从事电力系统规划设计的经验,结合无功补偿、无功配置等调相调压论述及相关研究成果,根据近几年颁发的有关电网规划设计、各种类型电厂接入电力系统、各种类变电站接入系统和调度运行规程规定中关于调相调压计算的内容、要求,输变电工程接入电力系统和各种类型发电厂接入电力系统的工程实际,在给吉林省电力勘测设计院、辽宁电力勘测设计院和大连电力勘察设计院进行"电力系统调相调压计算"培训的讲稿基础上,与有关单位同事共同编著了《电力系统调相调压计算》一书。

　　本书共七章。第一章对电力系统构成、电网规划设计内容简介后,对电力系统计算进行简述;第二章介绍电力系统调相调压计算的目的、调相调压的定义、调相调压计算的方法步骤，并对工矿企业变电站调相调压和无功配置的经济技术比较详细论述；第三章讲述各电压等级（500、220、110kV 或 66kV）变电站的调相调压计算，并给出调相调压计算结果及其结果分析；第四章和第五章讲述火电厂、核电站、水电站接入各级电压（500、220、110kV 或 66kV）电网时的调相调压计算，并给出调相调压计算结果及其结果分析；第六章和第七章讲述仅发有功的风电场、太阳能发电站接入各级电压（500、220、110kV 或 66kV）电网时的调相调压计算，并给出调相调压计算结果及其结果分析。通过调相计算确定变电站或发电厂装设高、低压电抗器，静电电容器的容量，以及最大负荷或最小负荷时投切无功补偿设备容量；通过调压计算确定是采用普通变压器，还是采用有载调压变压器，以及变压器的抽头（变比）。

本书由孔庆东任主编，其中第一章由东北电力设计院孔繁力高级工程师和孔庆东教授级高级工程师编写；第二章由东北电力设计院孔庆东教授级高级工程师编写；第三章至第七章中的提要由东北电力设计院孔庆东教授级高级工程师编写；第三章第一节由辽宁省电力有限公司发展策划部朱洪波高级工程师和国网经济技术研究院有限公司齐芳高级工程师编写，第二节由大连电力勘察设计院王海民高级工程师、李海波高级工程师、赵丽丽高级工程师编写，第三节由大连电力勘察设计院赵丽丽高级工程师编写；第四章第一节由辽宁省电力有限公司发展策划部朱洪波高级工程师编写，第二节由吉林省电力勘测设计院席晶教授级高级工程师、王旭高级工程师、刘照晖高级工程师编写，第三节由大连电力勘察设计院王海民高级工程师、李海波高级工程师、赵丽丽高级工程师编写；第五章第一节由辽宁省电力勘测设计院李丁高级工程师、马大为高级工程师、张恩辉高级工程师、吕晓艳高级工程师编写，第二节和第三节由吉林省电力勘测设计院王旭高级工程师编写；第六章第一节由吉林省电力勘测设计院刘照晖高级工程师编写，第二节由大连电力勘察设计院李海波高级工程师、欧阳前方高级工程师编写，第三节由大连电力勘察设计院王海民高级工程师编写；第七章由吉林省电力勘测设计院刘照晖高级工程师编写。

在本书编写过程中，吉林省电力有限公司调度局曲振军高级工程师提供许多调度运行规程规定、调度运行资料，阅读初稿并提出了许多补充意见；本书初稿曾得到从事电力系统规划、设计工作 40 年以上、规划设计经验非常丰富的系统规划设计专家，东北电力设计院郭毓春高级工程师的校阅，并从多方面提出宝贵的修改意见，在此表示感谢。

最后，本书经曾任中国电力科学研究院供用电所总工程师、系统所总工程师的张祖平教授级高级工程师和范明天教授级高级工程师共同审阅。多年来，张祖平和范明天两位专家的科研成果曾获得各种国家级奖项，如国家科技部科学技术进步一等奖、国家能源局科技进步一等奖，并编著、翻译多本著作，而且，其优秀著作也输出国外，在世界范围内推广，同时，两位为 DL/T 256《城市电网供电安全标准》、Q/GDW 1738—2012《配电网规划设计技术导则》、Q/GDW 156—2006《城市电网规划设计导则》等行业标准和企业标准的主要起草人。两位电力系统计算、规划专家对本书不足之处提出补充，对计算中的一些问题提出修改。经补充、修改后，使本书不仅原理、计算方法正确，而且更加全面、完整地符合对应的规程、规定内容深度的要求，对此表示深深的感谢。

本书与《发电、输变电工程接入系统设计报告编写指南》和《电网规划设计报告编写范本》的内容相辅相成，只要认真阅读这三本书，并按书中给出的方法操作，就可以顺利圆满地完成各种类型发电、输变电工程接入系统报告、电网规划设计报告及其相应的调相调压计算，以及电力系统规划与设计的全部工作。

本书可供电力系统生产运行，调度管理人员，变电站、发电厂运行人员，电力系统规划、设计人员，电力系统有关科研试验人员以及相关专业的院校教师和学生学习参考。

限于作者水平，本书不妥之处在所难免，恳请专家、同行和读者给予批评指正。

著作者

2019 年 11 月

目　录

第一章
电力系统概述

【提要】 电力系由发电厂（水电站、火电厂、核电站、风电场、太阳能电厂、生物质能电厂等）、变电站、送电线路及用电设备构成。本章介绍了各种电厂、变电站、送电线路，并对电网发展规划设计内容、电网结构以及电力系统计算进行了简介。

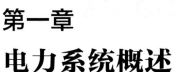

第一节 电力系统构成

电力系由发电厂（水电站、火电厂、核电站、风电场、太阳能电厂、生物质能电厂等）、变电站、送电线路及用电设备构成。

一、发电厂

（一）水电站

1. 水电站工作原理

我国水能资源丰富，主要集中在云南、四川及藏东南地区，可开发容量达 331.98GW，约占全国的 68%。伊洛瓦底江、萨尔温江、瑞丽江和澜沧江上，可建大型水电站。例如澜沧江上、中、下游，规划 4 库 22 级水电站，总装机容量 31.89GW。

（1）水电站发电原理。

在江河上建水坝把水蓄起来，利用水库水位落差的势能发电。即水量×水位落差＝发电量。当水量一定时，水位落差越大，发电量越多；当水位落差一定时，水量越大，发电量也越大。

水电站利用河川落差做功发电，其发电能力可按式（1-1）计算

$$P=9.81QH\eta \tag{1-1}$$

式中 P——水电站可发电力，kW；

Q ——河川水流量，m^3/s；

H ——该段上水的落差，m；

η ——水轮发电机组效率。

（2）水库库容、正常库容、防洪库容、调节库容。

1）死水位和死库容。死水位是指在正常运行情况下，允许水库消落的最低水位。该水位以下的水库容积称死库容，死库容中的蓄水量一般不动用。

2）正常水位和兴利（调节）库容。正常蓄水位指水库在正常运行情况下，满足设计的各部门要求，在开始供水时应蓄到的高水位，即正常水位。正常水位与死水位之间的库容，称调节库容或兴利库容。

3）防洪限制水位和共用库容。防洪限制水位指水库在汛期允许蓄水的上限水位。若防洪水位定在正常蓄水位以下时，防洪库容与调节库容相结合，该库容称共用库容。

4）防洪高水位和防洪库容。防洪高水位是指遇到下游防护对象的设计标准洪水时，水库坝前达到的最高水位。防洪高水位与防洪限制水位间的库容称防洪库容。

5）校核洪水位和调洪库容。校核洪水位是指遇到大坝的校核洪水时，水库坝前达到的最高水位。校核洪水位与防洪限制水位间的库容，称调洪库容。校核洪水位以下的全部库容称为总库容。

（3）电站装机、电站出力、保证出力、多年平均发电量。

水电站的装机容量，由水库容量（即蓄水量）、水库水位落差、用户对水电站运行方式需要以及水电站运行的经济技术比较决定，一般水电站装机利用小时数为3000h以上，如果系统调峰需要，可以降到3000h以下。丰满水电站，刚刚投入时装机利用小时数大于3000h，后来根据系统调峰的需要，由装机550MW一扩再扩，扩到全电站装机容量1020MW。

水电站装机全部发电，扣除厂用电后的出力，为水电站最大出力；水电站扣除检修备用、负荷备用和厂用电后的出力，为水电站正常出力。

由于水电站每年的来水量不一定，所以每年的发电量也不一定，故水电站采用多年平均发电量作为水电站的发电量。

（4）水库及电站用途。

建设水库及水电站的用途包括发电、灌溉、防洪、航运、养殖。

在人烟稀少的西南高山峡谷建水电站发电，而且装机容量和发电量又非常大，是解决我国能源短缺的好办法。

建水电站，根据农业用水的需要，可以供给水库上游和下游工业、农业用水。

建水电站，根据季节来水的需要，安排水电站机组出力，在洪水期前大量发电，把水库水放出留下库容，当洪水来时可把空出库容积满，起到防洪效果。当洪水过后，计划发电留下的水，按下游用水需要发电放水。例如丰满电站，为保证吉林市工农业和居民生活用水的需要，必须经常有1台60MW机组发电。

建水电站后，不仅库区内可以航运，修建船闸后，整个河流都能通航，库区内还可以养鱼，所以建水电站，是综合效应。

2. 坝后式水电站

水轮机、发电机和配电装置建于大坝下，如图1-1所示，在大坝左岸和右岸均建有坝后式水电站。丰满水电站，水轮机、发电机建于坝后厂房内，配电装置建于水坝和厂房之间。

图1-1 坝后式水电站

3. 坝内式水电站

水轮机、发电机建于大坝内。建于黄河上游青海省的刘家峡水电站，基本为坝后式水电站，但也有几台水轮机建于坝内，220kV配电装置建于山坡洞内。

4. 引水式水电站

在江河转弯处建大坝把水蓄起来，水库的水经引水管道送到江河下游水电站，利用江河转弯地势落差发电。牡丹江上的镜泊湖水电站、鸭绿江支流上的回龙山水电站就是这样的引水式水电站。

5. 抽水蓄能电站

抽水蓄能电站有上、下两个水库，当电力负荷低谷时，把下游水库中的水抽到上游水库中，通过水这一种能量载体将电能转换为势能存储起来，在负荷高峰时段上游水库放水发电。即在负荷处于低谷时，抽水机是用电设备，将电能转换成水的势能暂时存储起来；用电处于高峰，再将这部分水的势能转换为电能送入电网中。抽水蓄能电站具有调峰、调频、事故备用等功能，可充分利用风电在电网低谷时段所发的电量，促进风电消纳。由于抽水、放水发电时能量损失，抽水蓄能电站基本上用 3kWh 基荷电量换 2kWh 的尖峰电量。

我国已建和在建抽水蓄能电站主要分布在华南、华中、华北、华东等地区，以解决电网的调峰问题。截至 2018 年底，我国建设的抽水蓄能电站已有 34 座，在建 32 座，投产总装机达到 30025MW，在建装机容量 43210MW。

2019 年，河北抚宁、吉林蛟河、浙江濯江、山东潍坊、新疆哈密 5 个抽水蓄能电站同时开工，总装机容量 600 万 kW，5 座电站计划全部于 2026 年竣工投产。

6. 潮汐电厂

潮汐发电与普通水利发电原理类似，就是在海湾或有潮汐的河口建筑一座拦水堤坝，形成水库，并在坝中或坝旁放置水轮发电机组，利用潮汐涨落时高、低潮位之间的落差，使海水通过水轮机推动其旋转，带动发电机组发电。从能量的角度说，就是利用海水的势能和动能，通过水轮发电机转化为电能。

我国潮汐能资源丰富，长达 18000 多千米的大陆海岸线，加上 5000 多个岛屿的 14000 多千米海岸线，共约 32000 多千米的海岸线中蕴藏着丰富的潮汐能资源。据不完全统计，全国潮汐能蕴藏量为 190000MW，其中可供开发的约 38500MW，年发电量 870 亿 kWt。根据中国海洋能资源区划结果，我国沿海潮汐能可开发的潮汐电站坝址为 424 个，以浙江和福建沿海数量最多。

我国建设潮汐电站始于 20 世纪中叶。乳山是我国开发的首个潮汐能源的站址，早在几十年前就建设了亚洲第一座潮汐电站——金港潮汐电站，1987 年全部建成投产的乳山白沙口潮汐发电站规模居全国第二。

与风能和太阳能相比，潮汐能更为可靠，发电量不会产生大的波动，而且不占用农田、不污染环境，成本只有火电的 1/8。经过多年的研究试点，我国潮汐发电行业在技术上日趋成熟，潮汐发电量也跃居世界第三位，仅次于法国、加拿大。

7. 三峡水电站

长江三峡位于长江上游干流重庆奉节白帝城至湖北宜昌南津关，全长

192km。处于上游山区转入中下游平原的转换位置，长江三峡水库总面积1084km²。三峡工程是中国，也是世界上最大的水利枢纽工程，是治理和开发长江的关键性骨干工程。它具有防洪、发电、航运等综合效益。

（1）防洪。兴建三峡工程的首要目标是防洪，可有效地控制长江上游洪水。经三峡水库调蓄，可使荆江河段防洪标准由现在的约 10 年一遇提高到 100 年一遇。三峡大坝高 185m，最高水位 175m。

（2）发电。三峡水电站装机容量，为 32 台单机容量为 700MW 的水轮发电机组，总装机容量 22400MW，年均发电量 847 亿 kWt，它将对华东、华中和华南地区的经济发展和减少环境污染起到重大的作用。

（3）航运。三峡水库将显著改善宜昌至重庆 660km 的长江航道，万吨级船队可直达重庆港。航道单向年通过能力可由现在的约 1000 万 t 提高到 5000 万 t，运输成本可降低 35%～37%。

（二）火电厂

1. 火电厂燃煤量

（1）火电厂用煤量的计算。根据火电厂机组每千瓦时耗标煤量，计算出电厂一年需要多少吨标煤，再换算成需各矿的原煤量。$Q＝WTq＝1000000W×6000t×0.32kg/kWt＝1.92×10^9kg＝192$ 万 t 标煤，再换算成 2700 大卡的原煤，为 498 万 t 原煤。大概数为 100 万 kW 火电厂，一年燃烧 500 万 t 原煤。

（2）火电厂用煤量的来源。列出本地区能源资源及其开发情况，然后列出本地区煤炭资源及其开发情况。再根据本地区电源装机，计算出需外购煤炭数量。

分析本地区外购煤炭的可能性，以及可能从哪个方向购煤炭。

把能供煤的煤矿，煤矿普查储量、地质储量，根据煤矿规划××年产煤量，都一一列出。

2. 火电厂用煤量的运输

各煤矿至本地区现有铁路运输能力，如果增加电厂燃煤量，需要进行扩建与改造工程量等有关情况进行介绍。

为进行经济比较，还要到铁路部门收集运煤费，即将 1t 煤运输 1km 所需的运费。

3. 火电厂用水量

火电厂用水有锅炉补给水和汽轮机循环冷却水。当电厂靠近江河、湖泊、海洋时，由于水源充足循环冷却水，可采用直流供水系统。当水源受到限制时，采用冷却塔循环供水。

对冷却塔循环供水，一般来说 1000MW 电厂，每秒钟用水量 0.7m³。

在选厂时必须落实电厂用水的水源，必要时应进行勘探，并做出勘探报告。

4. 火电厂排灰量

火电厂年燃煤量×灰渣量%＝火电厂年灰渣量。

贮灰场一般选在火电厂附近的洼地、河滩地、海滩地、山谷等不耕种的荒地或废地上。选灰场时，要满足环保要求，以及对居民及农作物的影响。

在计算灰场能容纳的灰量时，灰渣量一般采用 $1t/m^3$。即 $1km^2$ 的面积，堆高 lm 时，可贮灰渣 10 万 t。

5. 火电厂电力送出

根据电厂装机容量、送出电力和送电距离，决定电厂送出电压，再根据经济电流密度和供电可靠性，选出二回及以上线路每回线路导线截面积。

6. 热电联产

热负荷是建设热电联产项目的最基本依据，是建设热电项目容量、机组选型、厂址位置的出发点。

（1）热电厂的热负荷。热负荷有工业热负荷（如石油、化工、纺织等轻工业用热负荷），以及采暖和热水供应热负荷两种。工业建筑的热负荷，可按工业建筑的耗汽指标进行计算，见表 1-1；采暖热负荷，可按采暖热指标值计算，参见表 1-2。

表 1-1　　　　　　　工业建筑的耗汽指标　　　　　$t/（h×10^4m^2）$

序号	行业名称	耗汽指标	序号	行业名称	耗汽指标
1	电子科技	0.16	5	机械	0.34
2	医药	1.53	6	物流	0.02
3	轻工业	1.23	7	公共建筑	0.51
4	化工	0.68	8	不明性质的其他工业建筑	0.50

表 1-2　　　　　　　采 暖 热 指 标 值　　　　　W/m^2

建筑物类型	住宅	居住区综合	学校与办公	医院或托幼	旅馆	商店	食堂或餐厅	影剧院或展览馆	大礼堂或体育馆
未采取节能措施	58~64	60~67	60~80	65~80	60~70	65~80	115~140	95~115	115~165
采取节能措施	40~45	45~55	50~70	55~70	50~60	55~70	100~130	80~105	100~150

（2）热电联产机组选型。

1）常规小型供热机组。常规小型供热机组一般为单抽、双抽和背压机组。这些机组单机容量不大，一般在 50MW 及以下，相应进汽参数为高压及以下；当抽汽量适中时，机组可以超发，例如 25～50MW 配套的发电机组，额定有功功率为 30～60MW。

2）抽凝两用机组。我国热电联产工程中，使用抽凝两用机组，其特点是：汽机容量 125MW 及以上，参数为超高压或亚临界。在凝汽工况运行时效率高，多采用从中、低压缸连通管上，装蝶阀接三通方式对外供热。多采用单元制系统，一机配一炉。

3）早期的 100MW 机组。早期的抽汽机组是用 100MW 机组改造而成，即在中、低压缸连通管上，加装蝶阀接三通供应采暖用汽。

4）大容量、高参数专用供热机组。对于以采暖负荷为主的热电厂，由于每年 7～8 月时基本凝汽运行，故高压缸与凝汽机组相同，以利于标准化制造。

对于以工业用气为主的热电厂，或工业采暖用气占一定比例的热电厂，可发展专用抽汽机组。

5）低真空循环水供热机组。这是为降低凝汽式汽轮机组的真空度，提高循环水出口温度，实现对城市居民采暖供热的机组。有关火电厂厂址选择，详见参考文献 [2]。

（三）核电站

1. 什么是核电站

核电站就是利用一座或若干座动力反应堆所产生的热能来发电或发电兼供热的动力设施。反应堆是核电站的关键设备，链式裂变反应就在其中进行。目前世界上核电站常用的反应堆有压水堆、沸水堆、重水堆和改进型气冷堆以及快堆等。但用的最广泛的是压水反应堆。压水反应堆是以普通水作冷却剂和慢化剂，它是从军用堆基础上发展起来的最成熟、最成功的动力堆堆型。

2. 核电站工作原理

核电站用的燃料是铀。用铀制成的核燃料在"反应堆"的设备内发生裂变而产生大量热能，再用处于高压力下的水把热能带出，在蒸汽发生器内产生蒸汽，蒸汽推动汽轮机带着发电机一起旋转，电就源源不断地产生出来，并通过电网送到四面八方。

3. 压水堆核电站

以压水堆为热源的核电站，主要由核岛和常规岛组成。压水堆核电站核岛中的四大部件是蒸汽发生器、稳压器、主泵和堆芯。在核岛中的系统设备主要有压水堆本体，一回路系统，以及为支持一回路系统正常运行和保证反应堆安全而设置的辅助系统。常规岛主要包括汽轮机组等系统，其形式与常规火电厂类似。

4. 沸水堆核电站

以沸水堆为热源的核电站。沸水堆是以沸腾轻水为慢化剂和冷却剂并在反应堆压力容器内直接产生饱和蒸汽的动力堆。沸水堆与压水堆同属轻水堆，都具有结构紧凑、安全可靠、建造费用低和负荷跟随能力强等优点。它们都需使用低富集铀作燃料。

5. 重水堆核电站

以重水堆为热源的核电站。重水堆是以重水作慢化剂的反应堆，可以直接利用天然铀作核燃料。重水堆可用轻水或重水作冷却剂，重水堆分压力容器式和压力管式两类。重水堆核电站是发展较早的核电站，有各种类别，但已实现工业规模推广的只有加拿大发展起来的坎杜型压力管式重水堆核电站。

6. 世界上核电站建造情况

核电自 1950 年问世以来，已取得长足的发展。到 1999 年，世界上共有 436 座发电用核反应堆在运行，总装机容量为 350676MW。2013～2018 年，我国核电厂装机容量分别为：2013 年，14660MW；2014 年，20080MW；2015 年，27170MW；2016 年，33640MW；2017 年，35820MW；2018 年，44660MW。截至 2018 年 12 月 31 日，我国核电装机容量列世界第三位，为 44660MW；美国居第一位，为 99070MW；法国居第二位，为 63130MW。

7. 核电站在设计上所采取的安全措施

为了确保压水反应堆核电站的安全，从设计上采取了最严密的纵深防御措施。为防止放射性物质外逸设置了四道屏障：一为裂变产生的放射性物质 90%滞留于燃料芯块中密封的燃料包壳；二为坚固的压力容器和密闭的回路系统；三为能承受内压的安全壳；四为多重保护，在出现可能危及设备和人身的情况时，进行正常停堆；因任何原因未能正常停堆时，控制棒自动落入堆内，实行自动紧急停堆；如任何原因控制棒未能插入，高浓度硼酸水自动喷入堆内，实现自动紧急停堆。

8. 核电站站址选择考虑的问题

核电站站址选择，主要应以保护公众免受正常放射性释放及事故放射性释放而引起的放射性影响为前提。评价一个站址是否适宜建核电站时，必须要考虑以下 3 个方面的因素。

（1）站址所在区可能发生的外部自然事件和人为事件对核电站的影响。

1）对有关外部自然事件的评价。

在核电站站址选择中，必须对所选站址所在区域内，可能存在发生的地表断裂、地震活动、火山、洪水泛滥、极端气象等，不以人们意志为转移的自然现象进行收集，并将上述自然事件对核电站安全性影响进行评价。

a．地表断裂。必须调查站址及邻近地区是否发生过地表断裂现象，在高地震活动区中，通常在区域分析时要否定靠近已知大的能动断层的地区，也要否定靠近已知能动断层的站址。

也可采用站址到可疑能动断层的距离筛选和选择站址，当站址在活动断层 5～8km 以外时可作为优选站址。

b．地震活动。对推荐站址必须进行工程地质、区域地质和地震的评价，对地震烈度为 8 度及以上的地区应予以否定。

c．斜坡不稳定。对土质斜坡和岩质斜坡，不论是天然的还是人工的，均必须作出斜坡稳定性的评价。

d．地面塌陷、沉降或隆起。查清站址地区是否存在洞穴、岩溶、矿井、水井、油井或气井，评价地面有无塌陷、沉降或隆起的可能性。

e．火山。在火山活动区及邻近存在能活动的火山的候选站址应予以否定。

f．洪水泛滥。对海边站址，应考虑可能最大风暴潮、可能最大海啸的洪水。

对远离海边站址，应查明因降雨或地震引起溃坝、滑坡、冰凌、碎石，导致河流阻塞而造成的洪水。

g．龙卷风、热带气旋、台风。

2）对有关外部人为事件的评价。

a．化工厂、炼油厂、火药库、炸药库、油和天然气储存设施及输送管线，应离开站址 5～8km 的安全距离。

b．能形成爆炸气云以及能进入通风系统的易燃气体和蒸气，应离开站址 8～10km 的安全距离。

c．如果站址 10km 范围内无机场，站址 16km 范围内设计每年起落不大于 $193d^2$ 次的机场和 16km 范围外设计每年起落不大于 $386d^2$ 次的机场（d 是以千米为单位的机场离开站址的距离），可不考虑飞机坠毁。

d．在距核电站 4km 范围内，无飞机航线或起落通道时，可不考虑飞机坠毁。

e．在距核电站 30km 范围内，无军事设施或轰炸演习之类的空域。

f．应查清核电站周围 1～2km 内有无可能引起着火的火源，如大麦、

9

玉米仓库。

（2）核电站释放出的放射性物质，对站址所在区域的潜在影响。

（3）与采取应急措施可能性有关的人口密度及其分布特征。

1）以反应堆为中心，半径不应小于 600m 的区域为非居住区。

2）以反应堆为中心，半径不应小于 5km 的区域为卫生防护区，区内不应有飞机场、大中医院、疗养院、奶牛、奶羊养殖场。

3）以核电站反应堆为中心，对扇形中城市分布要求如表 1-3 所示。

表 1-3　　　　　　　　　　　扇形中城市分布要求

城市人口（万人）	<40	40～70	70～100	>100
一级站址要求距离（km）	>30	>40	>50	>50
二级站址要求距离（km）	>20	>30	>40	>50

9. 核电站发生自然灾害时能安全停闭

在核电站设计中，始终把安全放在第一位，在设计上考虑了当地可能出现的最严重的地震、海啸、热带风暴、洪水等自然灾害，即使发生了最严重的自然灾害，反应堆也能安全停闭，不会对当地居民和自然环境造成危害。在核电站设计中甚至还考虑了厂区附近的堤坝坍塌、飞机坠毁、交通事故和化工厂事故之类的事件，例如一架喷气式飞机在厂区上空坠毁，而且碰巧落到反应堆建筑物上，设计要求这时反应堆还是安全的。

10. 核电站的纵深防御措施

核电站的设计、建造和运行，采用了纵深防御的原则，从设备上和措施上提供多层次的重叠保护，确保放射性物质能有效地包容起来不发生泄漏。纵深防御包括以下五道防线：

（1）第一道防线：精心设计，精心施工，确保核电站的设备精良。有严格的质量保证系统，建立周密的程序，严格的制度和必要的监督，加强对核电站工作人员的教育和培训，使人人关心安全，人人注意安全，防止发生故障。

（2）第二道防线：加强运行管理和监督，及时正确处理不正常情况，排除故障。

（3）第三道防线：设计提供的多层次的安全系统和保护系统，防止设备故障和人为差错酿成事故。

（4）第四道防线：启用核电站安全系统，加强事故中的电站管理，防止事故扩大。

（5）第五道防线：厂内外应急响应计划，努力减轻事故对居民的影响。

有了以上互相依赖相互支持的各道防线，核电站是非常安全的。

11. 核电站的三废治理

核电站的三废治理设施与主体工程同时设计，同时施工，同时投产，其原则是尽量回收，把排放量减至最小。核电站的固体废物完全不向环境排放，放射性液体废物转化为固体也不排放。工作人员淋浴水、洗涤水等的低放射性废水，经过处理、检测合格后排放。气体废物经过滞留衰变和吸附，过滤后向高空排放。核电站废物排放严格遵照国家标准，而实际排放的放射性物质的量远低于标准规定的允许值。所以，核电站不会给人生活和工农业生产带来有害的影响。

（四）风电场

风电场是将风能转换为机械能后，再转化为电能。典型的并网型风力发电机组主要包括起支撑作用的塔架、风能的吸收和转换装置［风力机（叶片、轮毂及其控制器）］、起连接作用的传动机构（传动轴）、能量转换装置（发电机）等。风力发电过程是：自然风吹转叶轮，带动轮毂转动，将风能转变为机械能，然后通过传动机构将机械能送至发电机，实现由机械能向电能的转换。

1. 我国风能源分布

我国风能源主要分布在东南沿海及其岛屿的海上风电场，包括山东、江苏、上海、浙江、福建、广东、广西、台湾和海南岛等省的沿海，以及东北、华北、西北三北地区的陆地风电场，包括黑龙江、吉林、辽宁、河北、内蒙古、甘肃、青海、西藏和新疆等省区。

在第十一个五年计划期（2006～2010 年）期间，国家规划建设八大千万千瓦级风电基地，包括河北、蒙东、蒙西、吉林、江苏、山东、甘肃酒泉、新疆哈密千万千瓦级陆地风电基地，在沿海地区也是建风电场最好地方。

我国陆地风电场集中在三北（西北、华北、东北）地区，发出的电力除供当地用外主要流向三华（华北、华东、华中）地区。风电电力流向与我国能源流向一致，呈现"西电东送""北电南送"格局。宁夏、山西、辽宁、山东、江苏风电主要在省内电网消纳；河北风电除在京津唐电网消纳外，还需要外送到"三华"电网的其他地区消纳；蒙西、吉林、黑龙江、蒙东、甘肃、新疆风电除在省（区）内消纳外，还需要通过跨省区电网在区域电网和"三华"电网消纳。

2018 年中国风电场装机容量为 221000MW，为世界第一。国内风电装机主要分布在华北和西北，其中华北为 60766MW，西北为 52781MW，华东为 34740MW，东北为 20970MW，西南为 16810MW。

2. 风电机组容量

风电机组制造起步于 20 世纪 80 年代,机组容量由几百瓦到 2009 年增加到 5MW,到 2011 年我国华锐风电研制的 SL6000 系列,6MW 风力发电机组是目前中国第一台自主研发、拥有完全自主知识产权、全球技术领先的电网友好型风电机组。可以广泛应用于陆地、海上、潮间带各种环境和不同风资源条件的风场。该机组叶轮直径长达 128m,增加了扫风面积,提升了捕风能力,大大提高了风资源的有效利用率;同时可适应零下 45℃的极限温度,并通过了 62.5m/s 的极限风速测试。

SL6000 采用平行轴齿轮传动和鼠笼异步电机技术,可保证机组的高可靠性和经济性。此外,SL6000 的低电压穿越能力,也使其可以满足各国电网导则的严苛要求,其特殊的防腐系统,满足了海上高盐雾和高腐蚀的运行环境。同时,SL6000 机组具有大部件自维修系统,使整台风机无需外部吊车即可对齿轮箱、发电机、叶片等核心部件进行更换,有效降低吊装维护成本和维护时间,提高机组可利用率。

风力资源丰富地区在多年"圈地"之后,风电开发已趋于饱和,同时并网能力仍存在问题,四类低风速风电场开发将迎来巨大的市场空间。我国风能资源丰富,一类、二类、三类风区主要分布在三北(东北、华北、西北)地区,其中包括河北、内蒙古、甘肃,宁夏和新疆。从 2009 年累积风力发电装机量来看,三北中的省份占据了装机量前 10 位中的 9 位,总累积装机量达到 22.2GW,占全国总值的 86.1%。

由于近些年风电行业迅速发展,而风能资源丰富地区相对集中,各大发电集团和开发商采取"先圈地再开发"的策略,目前高风速地区已是相当稀缺的资源。同时,三北地区经济较为落后,风电在当地的消纳能力有限,而风电并网向经济发达地区输电环节又始终无法得到妥善的解决,导致风机空转,无法真正产生效益。

四类风区主要是东部非沿海地区及中部地区,经济较为发达,当地耗电能力强。目前全国范围内可利用的低风速资源面积约占全国风能资源区的68%,且均接近电网负荷终端地区。低风速地区的开发是对风电基地外风电上网的有效补充,以分布式并网的方式减少对电网的冲击。以目前风电目标装机量 20%计算,未来低风速发电装机量将有望达到 20GW。

直驱机型更适用于低风速资源区的开发,利好以直驱技术为主的风机制造厂商。对于低风速资源区,一般选用启动和达到额定功率较低、叶片较长的机型。由于风速较低,对于叶片捕风和风力切入能力要求较高。在双馈和直驱的选择中,直驱技术在风速较低运行时,发电效率较高且对电网冲击较小，在低风速区优势明显。

3. 增大调峰、调频难度

风电具有随机性、间歇性的特点，而电网和用户需要的是稳定的电源出力，这就要求风电合理配置后备电源用以调峰。风电要想发展，必须解决调峰问题。目前的解决办法主要有蓄电池、火电、燃气和抽水蓄能电站调峰。蓄电池储能成本高、容量不大，无法满足我国当前风电装机容量的备用；火电调峰，不仅经济上不合理，而且调峰的灵活性不能满足要求；燃气调峰在欧美国家有所应用，但我国缺少燃气资源，再分配其作为风电的调峰备用电源不太现实；可以说，最经济、最灵活、最清洁的调峰电源就是抽水蓄能电站。

（五）太阳能发电站

1. 太阳能光热发电

太阳能光热发电是利用聚光装置，把收集到的太阳辐射能发送至接收器产生热空气或热蒸汽，再用传统的电力循环来产生电能。太阳能光热发电系统大致可以分为槽式、塔式和碟式三类，

槽式太阳能光热发电系统，是一种借助槽形抛物面反射镜将太阳光聚焦反射到聚热管上，通过管内热载体将水加热成蒸汽，推动汽轮机发电的太阳能装置。

塔式系统聚光装置，由许多安装在场地上的大型反射镜组成，这些反射镜称定日镜。每台定日镜都配有太阳跟踪机构，对太阳进行双轴跟踪，准确地将太阳光反射集中到一个高塔顶部的吸热器上。

碟式系统也称盘式系统，主要特点是采用盘状抛物面镜聚光集热器。由于盘状抛物面镜是一种点聚焦集热器，其聚光比可以高达数百到数千，在三种聚光式发电中热转换效率是最高的。

太阳能光热发电是将太阳的直射光聚焦采集，通过加热水或其他介质，将光能转化为热能，然后通过与传统燃煤发电相同的热电转换过程，形成高温高压的水蒸气，推动汽轮机发电机组发电。与光伏发电相比，它有着并网友好、储热连续、发电稳定等优势；与燃煤发电相比，它又可以从根本上避免燃煤污染排放，生产出零污染、零排放的清洁能源。除此之外，光热发电整个产业链过程中各类材料也可以实现可循环再利用，是真正意义上的绿色能源产业。

2. 太阳能光伏发电

光伏电池是利用半导体"光生伏打效应"制成的一种将太阳辐射能直接转换为电能的转换器件。由若干个这种器件封装成光伏电池组件，根据需要

13

将若干个组件组合成一定功率的光伏阵列，并与储能、测量、控制装置相配套，构成光伏发电系统。

光伏电池是以半导体 P-N 结上接受光照产生光生伏打效应为基础，直接将光能转换成电能的能量转换器。当光照射到半导体光伏器件上时，在器件内产生电子和空穴，受内建电场吸引，电子流入 N 区，空穴流入 P 区。结果使 N 区储存过剩的电子，P 区有过剩的空穴。这样 N 区带负电，P 区带正电，在 N 区和 P 区之间产生电动势，就是光生伏打效应。一旦接通，光伏电池就有电能输出，若将 P-N 结两端电路短路，则外电路中有电流通过；若将 P-N 结两端电路开路，则外电路中将产生电位差。

单体光伏电池是光伏电池的基本单元，其容量较小，输出电压只有零点几伏，输出峰值功率也只有 1W 左右，一般不能满足负荷用电要求。为满足负荷用电需要，需将几片、几十片或几百片单体光伏电池经过串、并联构成组合体，成为光生伏电池模块组件，再将组件通过一定的工艺流程封装起来，引出正负极引线，成为光伏电池板。还可将若干个光伏电池板根据负荷大小要求，再串、并联组成较大的供电装置，称为光伏阵列。

由光伏阵列、控制器、逆变器、储能控制器、储能装置等，构成可以向电网输送有功功率和无功功率的光伏发电系统。

光伏电站的出力主要受太阳光辐射强度以及气象因素影响。一般，太阳光辐射强度越大，光伏电站的出力越大；太阳光辐射强度越小，光伏电站的出力越小。随着太阳的东升西落，光伏电站的出力大致呈抛物线状，最大出力一般在中午 11～13 时（各时区的时间会有所变化）出现。晴天、多云、阴天、雨雪天等不同天气，也会影响到光伏电站的出力。光伏电站的出力曲线会呈现一定的随机性。另外，环境因素，例如水汽、雾霾等等也会影响光伏电站的出力。

3. 太阳能发电的优缺点

（1）太阳能发电的优点。

1）太阳能取之不尽，用之不竭，地球表面接受的太阳辐射能，能够满足全球能源需求的 1 万倍。只要在全球 4%沙漠上安装太阳能光伏系统，所发电力就可以满足全球的需要。太阳能发电安全可靠，不会遭受能源危机或燃料市场不稳定的冲击。

2）太阳能随处可取用，可就近供电，不必长距离输送，避免了长距离输电线路的损失。

3）太阳能不用燃料，运行成本很低。

4）太阳能发电没有运动部件，不容易用损坏，维护简单，特别适合于无人值守情况下使用。

5）太阳能发电不会产生任何废弃物，没有污染、噪声等公害，对环境无不良影响，是理想的清洁能源。

6）太阳能发电系统建设周期短，方便灵活，而且可以根据负荷的增减，任意添加或减少太阳能方阵容量，避免浪费。

（2）太阳能发电的缺点。

1）地面应用时有间歇性和随机性，发电量与气候条件有关，在晚上或阴雨天就不能或很少发电。

2）能量密度较低，标准条件下，地面上接收到的太阳辐射强度为 $1000W/m^2$。大规格使用时，需要占用较大面积。

3）价格仍比较贵，为常规发电的 3～15 倍，初始投资高。

我国是太阳能资源丰富的国家之一。我国有荒漠面积 $108km^2$，主要分布在光照资源丰富的西北地区。$1km^2$ 面积可安装 100MW 光伏阵列，每年可发电 1.5 亿 kWh；如果开发利用 1%的荒漠，就可以发出相当于我国 2003 年全年的耗电量。目前，在我国的北方、沿海等很多地区，每年的日照量都在 2000h 以上，海南更是达到了 2400h 以上，是名副其实的太阳能资源大国。

（六）生物质能电厂

生物质能电厂，是以生物质能为能源的发电厂总称，包括沼气发电、农作物秸秆发电、工业有机废料发电和垃圾焚烧发电等。生物质能发电系统装置包括生物质能转换成能源的装置、原动机、发电机及其他附属设备。基本与火电厂相似，其差别是燃料不是煤而是生物质——薪柴、农作物秸秆、人畜粪便、酿造废料、生活和工业有机废物垃圾等。

二、变电站

变电站分升压变电站和降压变电站，为把电力、电量经升压变压器送往电力系统的变电站称升压变电站；为从电力系统接受电力、电量，经降压变压器从电力系统受电的变电站称降压变电站。

当发电机组单机容量为 12、25、50MW 时，建 110（66）kV 升压变电站；当发电机组单机容量为 100、200、300MW 时，建 220kV 升压变电站；当发电机组单机容量为 600、700、1000MW 时，建 500kV 升压变电站，向系统供电。

当供电负荷较小，如 50MW，可建装设 2 组 63MVA 的 110（66）kV 降压变电站从系统受电；当供电负荷为 100MW，可建装设 2 组 120MVA 的 220kV 降压变电站从系统受电；当供电负荷为 500MW，可建装设 2 组 750MVA 的

500kV 降压变电站从系统受电。

无论发电厂还是变电站，都要建配电装置，配电装置简介如下。

（一）发电厂或变电站配电装置简介

发电厂或变电站内配电装置由母线、主变压器、电源进线间隔、送电线路进（出）线间隔、母联间隔、避雷器和电压互感器间隔组成；每个间隔内有隔离开关、断路器、电流互感器、送电线（电缆线）等。配电装置不仅能够接受电能、分配电能、控制电能，而且能够保证向用户安全、可靠、稳定地供电。根据布置和结构上的分别，配电装置可以分为户外配电装置屋（Air Insulated Switchgear AIS）、HGIS（Hybrid Gas Insulated Switchgear）配电装置、GIS（Gas Insulated Switchgear）变电站。配电装置简介如下。

1. 户外配电装置

户外配电装置的电气设备全部安放在户外开关场的地面上。电气设备安放顺序为：母线—隔离开关—断路器—隔离开关主变压器（或送电线）进线。500kV 户外配电装置电气接（主接）线及 500kV 配电装置出线串间隔断面图，如图 1-2 所示。220kV 户外配电装置电气接（主接）线及 220kV 配电装置出线串间隔断面图，如图 1-3 所示。

2. HGIS 配电装置

HGIS 组合电器，即 SF_6 封闭式组合电器，它将隔离开关、断路器、接地隔离开关、电流互感器、电压互感器、进出线套管等，组合在一个封闭整体内，并在其内部充满 SF_6 气体，其优点有占地较少，安全可靠性高，环境污染小，易于安装维护，由于母线为户外式未封闭，当任何间隔任何元件故障，只切除故障间隔，对其他间隔无影响。

500kV HGIS 电气接（主接）线及 500kV HGIS 配电装置出线串间隔断面图，如图 1-4 所示；220kV HGIS 电气接（主接）线及 220kV HGIS 配电装置出线串间隔断面图，如图 1-5 所示。

3. GIS 配电装置

GIS 组合电器，即气体绝缘金属封闭开关设备，它将母线、隔离开关、断路器、接地隔离开关、电流互感器、电压互感器、进出线套管等，组合在一个封闭整体内，并在其内部充满 SF_6 气体，具有占地少、安全可靠性高、环境污染小、易于安装维护等优点。由于母线为封闭式，任何间隔任何元件故障，其他间隔都（要停电）受影响。

500kV GIS 电气接（主接）线及 500kV GIS 配电装置出线串间隔断面图，如图 1-6 所示；220kV GIS 电气接（主接）线及 220kV GIS 配电装置出线串间隔断面图，如图 1-7 所示。

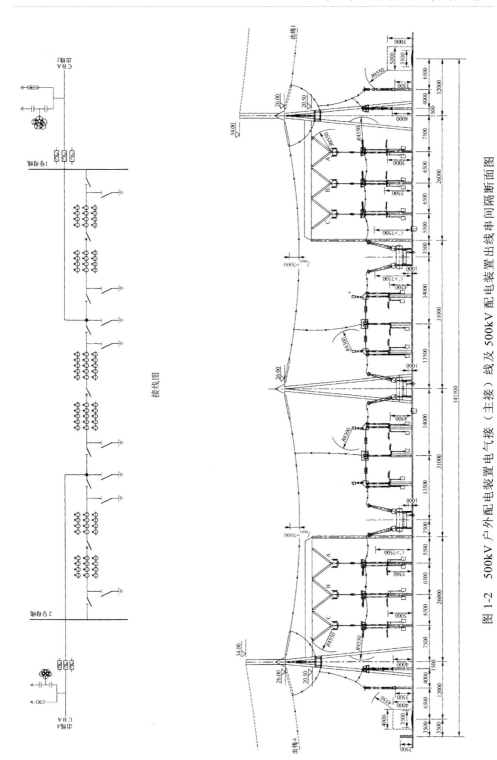

图 1-2 500kV 户外配电装置电气接（主接）线及 500kV 配电装置出线串间隔断面图

17

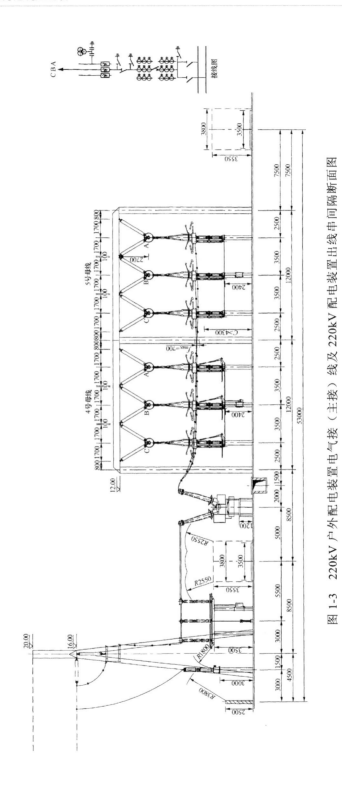

图 1-3 220kV 户外配电装置电气接（主接）线及 220kV 配电装置出线串间隔断面图

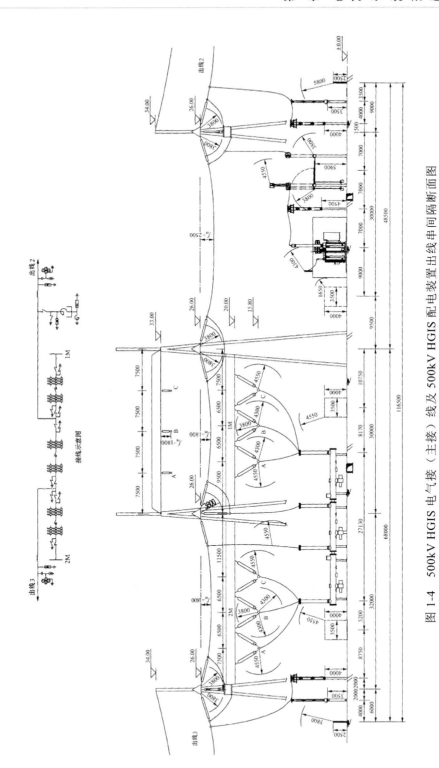

图 1-4 500kV HGIS 电气接（主接）线及 500kV HGIS 配电装置出线串间隔断面图

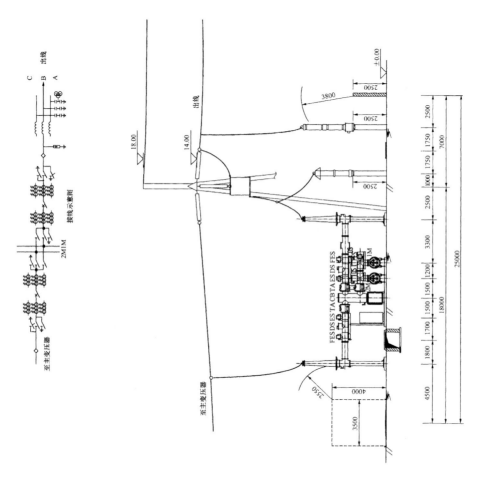

图 1-5　220kV HGIS 电气接（主接）线及 220kV HGIS 配电装置出线串间隔断面图

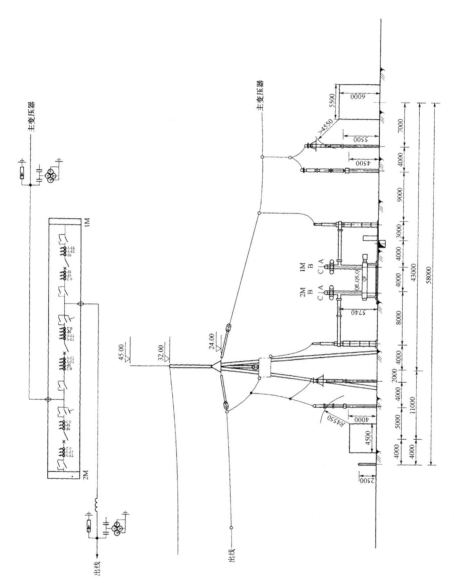

图 1-6 500kV GIS 电气接（主接）线及 500kV GIS 配电装置出线串间隔断面图

21

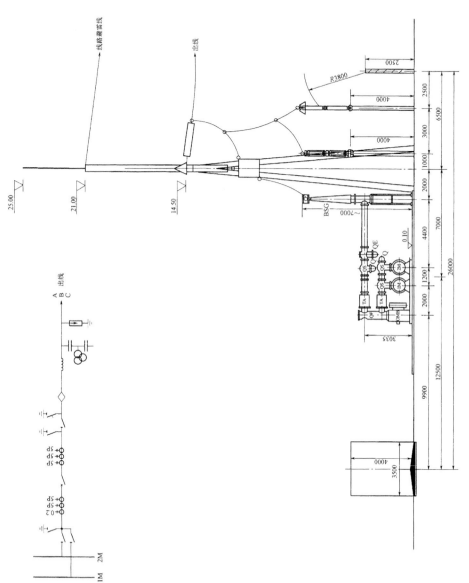

图 1-7　220kV GIS 电气接（主接）线及 220kV GIS 配电装置出线串间隔断面图

4. 各种配电装置间隔尺寸

由各种 500kV 配电装置出线间隔断面、平面布置图,查出配电装置间隔尺寸,如表 1-4 所示。

表 1-4 　　　　　　　各种 500kV 配电装置间隔尺寸　　　　　　　m

项目	户外配电装置（AIS）	HGIS	GIS
每个间隔宽度	28	28	28
每个间隔长度	145*	116.5	58

* 有高压电抗器再加 28.5m。

由各种 220kV 配电装置出线间隔断面、平面布置图,查出配电装置间隔尺寸,如表 1-5 所示。

表 1-5 　　　　　　　各种 220kV 配电装置间隔尺寸　　　　　　　m

项目	户外配电装置（AIS）	HGIS	GIS
每个间隔宽度	13	13	8～10
每个间隔长度	53	26	26

由表 1-4 和表 1-5 知,户外配电装置占地面积最多,HGIS 其次,GIS 最少。

（二）叠层配电装置

最早配电装置为 AIS 型,为减少配电装置占地研发出 GIS 型和 H-GIS 型,上述三种配电装置都布置在一个平面上,没能利用空间,故占地面积都大。从利用空间的角度出发,将现今的配电装置由平层布置转变为立体空间布置,于是东北电力设计院孔繁力等发明并设计出一种全新的配电装置方案——叠层配电装置方案。所谓叠层布置就是,利用原有配电装置上面的空间,布置若干个（层）配电间隔,将平面布置变成立体布置,有如将平房改建为高楼一样。由于高层建筑设计技术、钢筋混凝土与钢结构施工技术和施工机械近年来的快速发展,叠层配电装置方案无论从建筑结构设计、还是施工机械与施工能力都有了可靠的保证,使叠层配电装置成为现实。

1. 配电装置发展过程

（1）配电装置是控制、接受和分配电能的配电电气设备的总称,根据电气设备绝缘方式,目前有 AIS、GIS 和 HGIS 三种配电装置。

AIS 配电装置主要是靠空气绝缘,采用电瓷件作为外壳与地绝缘的配电电气设备。在变电站设计中全面使用技术成熟、价廉、安全可靠、投资造价和运行维护费用低的设备,设计中考虑到某个单独配电间隔出现问题,可以在保证其他配电间隔不停电状况下单独检修或更换有问题的电气设备,不会造成其他配电间隔停电，缺点是占地面积大。

在工厂变电站设计中，因占地面积限制，设计科研单位与开关厂共同研究生产出气体绝缘金属封闭开关设备，即 GIS 配电装置。GIS 配电装置把母线和隔离开关、断路器、电流互感器、电压互感器及避雷器等设备全封闭在 SF_6 气室内，优点是占地面积小，缺点是若某个配电间隔出现问题，需要把与之相关的配电间隔一起停电，造成广泛的停电，而且停电持续时间比较长；GIS 配电装置其他缺点包括，投资造价和运行维护费用特别高，SF_6 气体不环保（每吨 SF_6 气体排放相当于 23900t 二氧化碳排放）。

为改善 GIS 配电装设生产运行和检修维护中的缺点，又生产出介于 AIS 和 GIS 之间的新型高压开关设备 HGIS，HGIS 的结构与 GIS 基本相同，但它不包括母线设备。其优点是母线不装于 SF_6 气室内，是外露的，与 AIS 相同，因而接线清晰、简洁、紧凑，安装及维护检修比 GIS 方便，但占地比 GIS 稍大。

由于现在不可避免地存在变电站征地过程，在乡村占用农民耕地问题、在城市居民动迁以及工厂、企业拆迁问题，占地地价寸土寸金，目前我国开始大量使用 GIS 配电装置或 HGIS 配电装置。以上几种配电装置在设计上均为平面布置，也就是说所有电气设备、所有进出线间隔以及母线，都布置在一个平面上。

（2）各种配电装置占地面积及造价的比较。根据《国家电网公司 500kV 变电站典型设计》中，在变电站内装 500kV 变压器 3 组，装 3 组 60Mvar 低压电电抗器和 3 组 60Mvar 电容器；500kV 出线 8 回，其中 2 回 500kV 出线上各装 1 组 500kV 高压电抗器，500kV 为 1 个半接线，最终 6 串；220kV 出线 16 回，220kV 为双母线单分段结线（最终 24 个间隔）情况下，比较采用 AIS 配电装置方案、HGIS 配电装置方案或 GIS 配电装置方案时，变电站围墙内主变压器、低压电抗器、电容器，高压配电装置，低压配电装置占地面积，以及各种建筑占地面积与本类型变电站总占地面积的百分比，占地面积比较结果列入表 1-6 内，投资造价列入表 1-7 内。

表 1-6　变电站围墙内占地面积及各种建筑占地与全变电站占地面积比

变电站类别	全站占地面积（m^2）	主变压器、无功补偿设备占地面积（m^2）	主变压器、无功补偿设备占地面积比	高压配电装置占地面积（m^2）	高压配电装置占地面积比	低压配电装置占地面积（m^2）	低压配电装置占地面积比
AIS	64760	12690	19.6%	31528	48.68%	20543	31.72%
HGIS	35076	11840	33.76%	18261	52.06%	4975	14.18%
GIS	30340	11956	39.4%	13288	43.8%	5096	16.8%

对表 1-6 中 AIS 配电装置方案占地面积进行分析可知,变电站主变压器、低压电抗器、电容器无功补偿设备占地面积是全变电站占地面积的 19.6%;高压配电装置占地面积是全变电站占地面积的 48.68%;低压配电装置占地面积是全变电站占地面积的 31.72%(其中低压母线占地面积是全变电站占地面积的 9.94%,低压进出线占地面积是全变电站占地面积的 21.78%)。为减少变电站占地面积,在保持原有变电站设备容量、进出线条件下,应从减少高、低压配电装置占地面积上下功夫,应从高、低压配电装置布置方式下手,于是设计科研单位与开关厂研制生产出 GIS 和 HGIS 设备。

由表 1-6 可知,采用 HGIS 和 GIS 设备后,主变压器、无功补偿设备占地面积,三种配电装置方案占地面积基本相同(12690、11956、11840m^2),但占本类型全变电站占地面积的百分比不同(由 19.6%至 39.4%)。高压配电装置占地面积以 AIS 配电装置方案最大,HGIS 配电装置方案占地面积次之,GIS 配电装置方案占地面积最少。低压配电装置占地面积也是 AIS 配电装置方案也最大,HGIS 配电装置方案占地面积和 GIS 配电装置方案占地面积相差不大。但三种电气设备投资造价相差很多,见表 1-7。

表 1-7 典型设计中各种类型配电装置的投资造价 万元

变电站类别	全变电站造价	主变压器造价	高压配电装置造价	低压配电装置造价
AIS	22900	2759	5283	1936
HGIS	26600	2777	7500	3223
GIS	30900	2816	11656	3047

由表 1-7 知,三种配电装置布置方式中主变压器投资造价基本相同,但整个变电站的投资造价相差较大,HGIS 配电装置布置方案投资造价是 AIS 配电装置布置方案的 1.16 倍,GIS 配电装置布置方案投资造价是 AIS 配电装置布置方案的 1.35 倍。高压配电装置投资造价相差更大,HGIS 配电装置布置方案投资造价是 AIS 配电装置布置方案的 1.42 倍,GIS 配电装置布置方案投资造价是 AIS 配电装置布置方案的 2.21 倍。低压配电装置投资造价相差也大,HGIS 配电装置布置方案投资造价是 AIS 配电装置布置方案的 1.66 倍,GIS 配电装置布置方案投资造价是 AIS 配电装置布置方案的 1.57 倍。为节省工程投资造价,应采用 AIS 配电装置布置方案。既节省占地面积、又节省投资,应采用新型的配电装置——叠层配电装置。

2. 叠层配电装置方案研究

(1)叠层配电装置概述。AIS 配电装置采用技术成熟、价廉、安全可靠的电气设备,每个间隔从母线至出线装设的电气设备有:隔离开关、断路器、电流互感器、电压互感器、避雷器。双母线 AIS 配电装置设备及布置示意图如图 1-8 所示，而 AIS 叠层配电装置每个间隔所用电气设备与 AIS 配电装置完全一样。

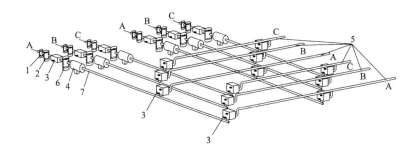

图 1-8　配电装置设备布置示意图

1—避雷器；2—电压互感器；3—隔离开关；4—断路器；5—母线；6—电流互感器；
7—分支线（T 接的水平母线）

　　为了新建变电站节约占地、为了原有变电站扩建或升压改建不增加用地面积，从利用空间的角度出发，将已建的配电装置由平层布置转变为立体空间布置，全新的配电装置方案——叠层配电装置方案。所谓叠层布置就是，利用原有配电装置上面的空间，布置若干个（层）配电间隔，将平面布置变成立体布置，有如将平房改建为高楼一样。例如本书 2.2.1.2 节中，介绍的 500kV 典型设计的 500kV 配电装置为 6 串（11～12 个进出线），220kV 配电装置为 24 个间隔，按每个叠层由 2 个间隔构成，则 500kV 叠层配电装置为 3 层，220kV 叠层配电装置为 12 层（每层 2 个间隔）或 2 个 220kV 叠层配电装置（每个叠层由 4 个间隔构成）6 层。形成 3 个（3 层）叠层的配电装置立体布置示意图，如图 1-9 所示，亦可参见图 1-10 及图 1-11。叠层配电装置的电气设备可采用常规 AIS 配电装置设备、HGIS 配电装置设备或 GIS 配电装置设备。

　　（2）叠层配电装置建筑结构。从建筑结构角度来说，叠层配电装置属于多层或高层建筑，建筑结构方案可采用框架结构或框架——剪力墙结构，结构梁、板、柱可以采用现浇钢筋混凝土材料或装配式钢结构材料。采取组合式钢结构梁、板、柱，可实现工厂预制、现场安装，其中梁、柱可采用高强钢管发泡混凝土构件，以降低结构造价，使施工进度大大加快；由于高层建筑设计技术、钢筋混凝土与钢结构施工技术和施工机械近年来的快速发展，叠层配电装置方案无论从建筑结构设计、还是施工机械与施工能力都有了可靠的保证，使叠层配电装置成为现实。

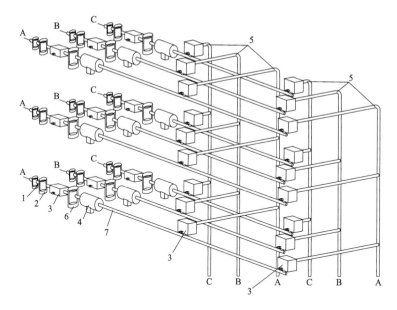

图 1-9 3 个（3 层）叠层的配电装置设备布置示意图

1—避雷器；2—电压互感器；3—隔离开关；4—断路器；5—母线；6—电流互感器；

7—分支线（T 接的水平母线）

母线位于两个配电间隔之外垂直布置，再通过 T 接的水平母线进入各层的配电间隔，从而使得叠层布置的各个配电间隔与母线能顺利连接。

叠层配电装置可以是无维护墙、屋盖的敞开式结构，也可以是有外墙、屋盖的户内结构。户内结构适用于严寒和高污染、高腐蚀性环境，除此外的常规环境适用敞开式结构。配电装置分别设有两部货运电梯和楼梯，电梯一备一用，用于运输设备、人员、施工及维护机具、检修叉车等，各层配电设备周围设有巡视检修道，用于设备检修、人员巡视及叉车运输设备等。楼梯用于人员紧急疏散和交通，其平面布图如图 1-10 所示。

通过对配电设备与母线的布置方式进行新的布置，将现今的配电装置由平层布置转变为立体空间布置，因此可以大幅度地节约用地。从而大大地降低配电装置的占地面积（AIS 叠层配电装置占地可仅为常规配电装置的 25%～35%），AIS 叠层配电装置占地面积与 GIS 配电装置占地面积相当甚至还低，工程造价大大低于 GIS 配电装置；若某个单独配电间隔出现问题，可以像 AIS 配电装置一样，在保证其他配电间隔不停电状况下单独检修有问题的配电间隔，不会造成大面积停电。也就是说，常规 AIS 配电装置采用叠层方案后，占地、造价、维护、运行等各项指标都优于 GIS 配电装置。

对《国家电网公司输变电工程典型设计 220kV 变电站分册》所列 13 个

方案进行对比分析知，由于各方案中变压器容量、台数不同，高、中、低压主结线和送出线回路数不同，无功补偿容量不同，不能像 500kV 那样进行全面的比较，只能将 220kV、110（66）kV 单个配电间隔占地面积和投资造价列入表 1-8 内。

表 1-8　　　　　　　　单个配电间隔占地面积及投资造价比较

变电站类别	220kV 占地（m×m）	220kV 造价（万元）	110kV 占地（m×m）	110kV 造价（万元）	66kV 占地（m×m）	66kV 造价（万元）
AIS	13×53	200	8×36	100	7×36	90
HGIS	13×26	350	8×30	143	6.5×30	130
GIS	8×（10～26）	400	8×12	190	7×12	170

由表 1-8 可知，AIS 占地面积最大，投资造价最小；GIS 占地面积最小，投资造价最大，这点与表 1-6 和表 1-7 分析结果一致。

将 220kV 典型设计 220kV 高压配电装置方案每个立面布置 5 层，则 220kV 的 AIS 叠层配电装置方案的高压配电装置占地面积（$13×53=689m^2$），比 220kV 的 GIS 配电装置方案高压配电装置占地面积（$8×18×5=720m^2$）还少；将 220kV 变电站 110（66）kV 低压配电装置方案每个立面布置 4 层，则 110（66）kV 的 AIS 叠层配电装置方案的占地面积（$8×36=288m^2$），比 110（66）kV 的 GIS 配电装置方案低压配电装置占地面积（$8×12×4=384m^2$）还少。AIS 叠层配电装置与 AIS 配电装置不同之处，在于 AIS（或 GIS）叠层配电装置的母线位于两个配电间隔之外垂直布置，通过 T 接的水平母线进入各层的配电间隔。参见图 1-10 及图 1-11。

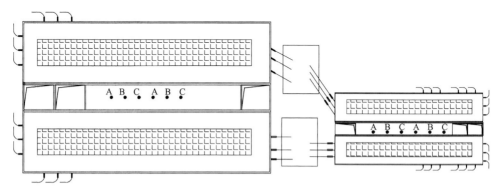

图 1-10　叠层配电装置的平面图

3. 叠层配电装置技术优势及特点

（1）叠层配电装置可减少占地。当 AIS 叠层配电装置为两层时，占地面

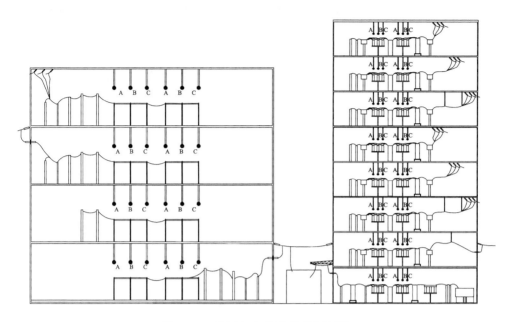

图 1-11 叠层配电装置的纵断面图

积为常规 AIS 配电装置占地面积的 1/2 或稍多,可节省配电装置占地面积接近 1/2;当叠层配电装置为三层时,占地面积为常规 AIS 配电装置占地面积的 1/3 或稍多,可节省配电装置占地面积接近 2/3;当叠层配电装置为四层时,占地面积为常规 AIS 配电装置占地面积的 1/4 或稍多,可节省配电装置占地面积接近 3/4;当 AIS 叠层配电装置为五层时,占地面积为常规 AIS 配电装置占地面积的 1/5 或稍多,可节省配电装置占地面积接近 4/5。

（2）给城区老变电站扩建或升压创造了条件。随着城市的发展,城市用电负荷都在迅速增加,往往要求原有变电站进行扩建或升压改建以满足地区用电,原建于城外或城郊的变电站,因城市发展在原有变电站四周已建成新建筑物,使得原有变电站扩建不能再增加占地面积。采用叠层配电装置,使对位于城区老变电站进行扩建或升压改造变成可能。

（3）减少投资造价效果。由表 1-7 知,对 500kV 配电装置 500kV 的 GIS 投资造价是 500kV 的 AIS 的 2.21 倍,220kV 配电装置 220kV 的 GIS 投资造价是 220kV 的 AIS 的 1.57 倍。因叠层配电装置采用 AIS 常规设备,其投资造价是 GIS 的 45.45%～63.69%。AIS 叠层配电装置投资造价与 AIS 配电装置相比仅增加土建部分投资。经初估计对原有变电站扩建,采用叠层配电装置的土建增加费用与站内、外拆迁补偿费用相当,采用叠层配电装置投资造价约为 GIS 的 50%～70%。

AIS 叠层配电装置接线清楚、简洁、安装及维护方便，运行维修费用低，而且没有 SF₆ 等有害气体。

由于高层建筑设计技术、钢筋混凝土技术和钢结构技术的快速发展，以及高层建筑施工机械与施工能力的发展，使得叠层配电装置成为现实。

三、送电线路

为把电力、电量送往用电处，要建送电线路，按电压等级分有 1000、500、220、110、66、35、10、0.4kV 的送电线路。按类型分，有直流送电线路和交流送电线路，电缆线路和架空送电线路；按杆塔材料分，有铁塔架空线路、水泥杆塔线路和钢管送电线路；按回路数分有单回送电线路、同塔双回送电线路和同塔多回送电线路；按导线分有单导线、双分裂导线、三分裂导线、四分裂导线、六分裂导线。

送电线路输电能力，由送电线路电压等级和送电线路导线截面大小以及输送距离决定，它与电力系统运行的经济性、稳定性有很大关系。

（一）输电线路电压等级的选择

输电线路电压等级，由该线路输送容量和输送距离决定，即由负荷距（负荷乘距离）决定。当输送容量 $P=500\sim1500\text{MW}$，输送距离 $L=300\sim100\text{km}$ 时，宜采用 500kV 电压；当输送容量 $P=100\sim300\text{MW}$，输送距离 $L=90\sim30\text{km}$ 时，宜采用 220kV 电压；当输送容量 $P=20\sim50\text{MW}$，输送距离 $L=25\sim10\text{km}$ 时，宜采用 110（66）kV 电压。最后由经济技术比较，确定输电线路的电压等级。

（二）输电线路导线截面积的选择

（1）按经济电流密度选择输电线路的导线截面。

输电线路的导线截面一般按经济电流密度选择外，还要按电晕、机械强度、电压损失以及故障方式下的发热条件（长期允许载流量）进行校验。

输电线路刚投入运行时，输电线路上潮流较轻，在选择导线截面时，输电线上潮流应考虑到输电线投入 5～10 年发展情况后的最大潮流。按经济电流密度选择导线截面计算公式为

$$S=I/j=P/(\sqrt{3}jU_{\text{e}}\cos\varphi) \tag{1-2}$$

式中　S——导线截面，mm^2；

$\quad\quad I$——输电线上流过的电流，A；

$\quad\quad j$——经济电流密度，A/mm^2，参见表 1-9；

$\quad\quad P$——输电线上输送功率，kW；

$\quad\quad U_{\text{e}}$——输电线路额定电压，kV；

$\cos\varphi$——输电线路上潮流功率因数，一般可取 0.95。

表 1-9　　　　　　　　　　　经济电流密度　　　　　　　　　　　A/mm²

导线材料	最大负荷利用小时数 T_{max}		
	3000h 以下	3000～5000h	5000h 以上
铝线	1.65	1.15	0.9
铜线	3.0	2.25	1.75

（2）按导线的长期允许载流量校验导线截面。选定的导线在各种运行方式以及故障运行方式输送容量，都小于导线长期允许载流量。例如双回输电线路，当其中一回故障另一回也能把电厂的容量 P（或地区的负荷）全部送出时，也没超过导线长期允许载流量 P_{max}。按发热条件确定的导线长期允许载流量 P_{max}，可用式（1-3）计算，即

$$P_{max} = \sqrt{3}\, U_e I_{max} \tag{1-3}$$

式中　P_{max}——导线长期允许载流量，MVA；

　　　U_e——线路额定电压，kV；

　　　I_{max}——导线长期允许电流，kA。

当周围环境温度为 25℃，日照 0.1W/cm²，风速 0.5m/s，导线最高温度为 80℃时，导线对地弧垂、导线交叉跨越均合格时，各种导线型号长期允许电流见表 1-10，各种电压等级、各种导线截面积输电线路输电能力见表 1-11。

表 1-10　　　　　　　　　各种导线长期允许电流

导线型号	长期允许电流（A）	导线型号	长期允许电流（A）
LGJ-50	215	LGJ-240	613
LGJ-70	260	LGJ-300	755
LGJ-95	352	LGJ-400	840
LGJ-120	401	LGJQ-500	932
LGJ-150	452	LGJQ-630	1140
LGJ-185	531		

表 1-11　各种电压、各种导线截面积输电线路输电能力（热稳定极限）　　MVA

导线型号	电压等级（kV）							
	35	63	110	220	330	500	750	1000
LGJ-120	24.3	43.7	76.4					
LGJ-150	27.4	49.3	86.1					
LGJ-185	32.2	57.9	101.2					

导线型号	电压等级（kV）							
	35	63	110	220	330	500	750	1000
LGJ-240	37.2	66.9	116.8	233.6				
LGJ-300	45.8	82.4	143.8	287.7				
LGJ-400	50.9	91.6	160.0	320.0				
LGJ-500		101.7	177.6	355.1				
LGJ-630		124.4	217.2	434.4				
LGJ-2×300		164.8	287.7	575.4				
LGJ-2×400		183.3	320.0	640.1	960.2			
LGJ-2×500				710.2	1065.4			
LGJ-4×300				1150.7	1726.1	2615.3		
LGJ-4×400				1280.3	1920.4	2909.7		
LGJ-4×630					2606.3	3948.9		
LGJ-6×300					2589.1	3922.9	58845	
LGJ-6×400					2880.7	4364.6	6546.9	87292.8
LGJ-6×630					3909.5	5923.4	8885.2	11846.9

四、各种类型用电用户的用电设备介绍

按用电用户类型介绍居民、机关、学校用电，交通用电，矿山、工厂企业用电如下。

（一）居民、机关、学校用电

20 世纪 50 年代前，居民用电就是照明用电、收音机、电风扇用电，1980年以后，电视机、洗衣机、电冰箱、热水器、电饭锅、电水壶、电磁炉、空调、电梯等用电设备广泛应用。

机关、学校用电除具备上述居民用电外，还要增加集中空调、计算机、复印机、打印机、切碎机、电风扇、电梯等办公用电设备。

（二）交通用电

城市有轨电车、无轨电车、地铁、电气化铁路用电外，还有给电汽车充电的充电桩用电设备，这些交通用电设备用电中以高铁用电量为最大。

（三）矿山、工厂企业用电

矿山用的挖掘机、提升运输机、风机、抽水机等，以及各种类型工厂用的各种机床，都是由各种类型的感应电动机带动，故矿山、工厂企业用电设备基本都是感应电动机。

五、各种类型发电厂、输变电工程接入电力系统

各种类型发电厂（水电站、火电厂、风电场、太阳能电厂、生物质能电厂）的选厂、设计以及接入各级电压（1000、500、220、110、66、35kV）电网的设计报告编写说明及编写实例，详见参考文献［15］第1章至第6章。

各种类型变电站、输电线路设计以及接入各级电压（1000、500、220、110、66、35kV）电网的设计报告编写说明及编写实例，详见参考文献15第7章至第9章。

第二节　电网规划设计内容简介

为满足国民经济发展和人民生活水平日益提高，对电力需求增长的需要，全国各省、市、地、县、开发区以及广大农村都在进行电网规划。由于电网规划涉及面广，首先要摸清电力用户生产过程，对供电可靠性的要求，并计算出用户的用电负荷大小的预测。其次要知晓向用户供电的电厂（水电、火电、风电……）现有出力情况，各种电厂规划建设计划安排。还要了解向用户供电的发电厂各级电压变电站及输电线路现况、变电站站址规划建设、输电线路规划建设安排，以及电网规划、电网结构，才能做好电网规划设计报告。

一、负荷预测及电力电量平衡

（一）负荷预测

负荷预测是省、市（直辖市、单列市）、地、县级电网规划设计的基础，负荷水平高、低不仅影响城网规模，还影响各项工程建设规模、建设进度和投资。若预测负荷水平高，提前投资造成资金积压；若预测负荷水平低，满足不了发展供电的需求，限制国民经济（工农业）的发展。

负荷预测分电量需求预测和电力需求预测，负荷预测工作应在长期调查分析的基础上进行，收集和积累本地区用电量、地区用电负荷的历史数据，以及城市各行各业发展情况的历年统计资料，在研究国民经济与电力需求的关系后进行负荷预测。

根据统计资料计算出本地区负荷增长率，GDP增长率，全社会用电量增长率，最大负荷增长率，第一、二、三产业用电量长增率，人均用电量增长率，人均用电负荷增长率。计算出本地区用电弹性系数，计算出本地区负荷密度，计算出本地区人均用电量、人均用电负荷等，作为负荷预测依据的原始数据。对其中一些明显不符合规律的数据，应尽可能事先进行修正。

负荷预测方法有单耗法、增长率法、弹性系数法、负荷密度法、人均用电指标法等，文献［1、7、15］不仅给出了各种预测方法，还给出了预测表格。

（二）电力、电量平衡

1. 电力、电量平衡目的

电力、电量平衡除对电源规划成果进行复核外，还应分析量化分地区间、不同电压等级间电力电量流向，为开展电网规划设计提供基础。

电力、电量平衡的目的，是根据地区电力平衡结果，确定发电厂、变电站、输电线路的建设必要性，确定发电厂、变电站、输电线路的建设规模，建设时间、投产时间。

根据地区电源装机种类及其容量，以及本工程情况，决定做哪个电网层面的电力、电量平衡。例如当研究 500kV 变压器装设容量时，应做地区 220kV 电网层的电力平衡；当研究 220kV 变压器装设容量时，应做地区 110（66）kV 电网层的电力平衡。以便确定各层面间的电力流向，同一电网区内各级电压间交换电力。

2. 电力、电量平衡内容

（1）电力、电量平衡应计及从地区外受（或送）的电力、电量。

（2）根据需要进行近期逐年的、中期代表年的电力、电量平衡。

（3）水电比重较大的电网应选用平、枯两种水文年进行平衡，必要时以丰、特枯水文年进行校核。

（4）还应进行全地区及分地区的电力、电量平衡；必要时还应进行分区或分电压等级的电力、电量平衡。

3. 电力平衡、电量平衡原则

做电力平衡时，一般电厂按装机容量的 20%（其中负荷备用为最大发电负荷的 2%～5%，检修备用为最大发电负荷的 8%～15%，事故备用为最大发电负荷的 10%）留备用，再扣除厂用为电厂出力。

进行地区电量平衡时，对地区水电站装机容量或风电场装机容量比重较大时，应对地区进行电量平衡计算，以便确定地区是否缺电量。

4. 电力、电量平衡

根据工程设计需要可做全地区电力电量平衡、分地区电力电量平衡、确定系统装机容量空间的电力平衡、确定燃煤发电厂设备利用小时的电量平衡及确定燃煤发电厂调峰能力的调峰电力平衡等。

将地区或分地区电力或电量平衡计算编成程序，利用计算机进行电力、电量平衡计算既快又准确。文献［1、7、15］不仅给出各种电力、电量平衡方法，还给出电力、电量平衡表格。

二、电源规划

（一）水电站规划及其接入系统

根据地区的江河流域规划，确定出水电站选站的站址，水电站装机容量。

再根据 Q/GDW 1271—2014《大型电厂输电系统规划设计内容深度规定》及 Q/GDW 272—2009《大型电厂接入系统规划设计内容深度规定》的有关规程规定，做出水电站接入系统工程报告。

（二）火电站规划及其接入系统

根据地区地质勘测资料，确定地区煤矿储量、石油储量、天然气储量、油母页岩储量、风能储量、太阳能等等能源资源储量，再根据地区水资源、可建火电厂的厂址条件、灰场条件，确定出建火电厂的厂址、规模容量。根据 Q/GDW 1271—2014《大型电厂输电系统规划设计内容深度规定》及 Q/GDW 272—2009《大型电厂接入系统规划设计内容深度规定》的有关规程规定，做出火电站接入系统工程报告。文献［15］给出了火电站接入 500、220kV 和 110（66）kV 工程报告编写说明及工程报告编写实例。

（三）风电场规划及其接入系统

根据地区风资源情况，确定出的地区可建风电场规划。再根据 Q/GDW 1868—2012《风电场接入系统设计内容深度规定》的有关规程规定，做出风电场接入系统工程报告。文献［15］给出了风电场接入 500、220kV 和 110（66）kV 工程报告编写说明及工程报告编写实例。

（四）太阳能发电站规划及其接入系统

根据地区太阳能资源情况，确定出的地区可建太阳能电站规划。再根据 Q/GDW 617—2011《光伏电站接入电网技术规定》的有关规程规定，做出太阳能电站接入系统工程报告。

三、电网规划

（一）变电站站规模容量及其变电站站址的选择

1. 变电站电压等级及规模容量的选择

根据地区 5～10 年电网发展规划做出的电力平衡，当地区缺电负荷为 2000～3000MW 及以上时，应建 1000kV 变电站向地区供电，变电站装设 2 组 2000MVA-2 组 3000MVA 变压器。

当地区缺电负荷为 500～1500MW 时，建 500kV 变电站向地区供电，变电站装设 2 组 750MVA-2 组 1500MVA 变压器。当地区缺电负荷为 1500～2000MW 之间时，是采用 500kV 电压还是采用 1000kV 电压，应由经济技术比较确定。

当地区缺电负荷为 100～300MW 时，建 220kV 变电站向地区供电，变电站装设 2 组 120MVA-2 组 360MVA 变压器。当地区缺电负荷为 300～500MW 之间时，是采用 220kV 电压还是采用 500kV 电压，应由经济技术比较确定。

当地区缺电负荷为 25～70MW 时，建 110kV 变电站向地区供电，变电站装设 2 组 31.5MVA-2 组 90MVA 变压器。当地区缺电负荷为 70～100MW 之间时，是采用 110kV 电压还是采用 220kV 电压，应由经济技术比较确定。

当地区缺电负荷为 10～40MW 时，建 63kV 变电站向地区供电，变电站装设 2 组 12MVA-2 组 63MVA 变压器。

2. 变电站站址的选择

（1）电力系统对变电站站址的要求。

1）变电站应尽量靠近负荷中心。在选变电站（例如 500kV）站址前，必须搞清将由本变电站供电的各个 220kV 变电站的位置、负荷大小及 220kV 变电站与系统连接方式。为减少 220kV 电网的投资和电网的网损，500kV 变电站应尽量靠近负荷中心。

2）地区电源布局合理。在选变电站（例如 500kV）站址前，要摸清地区原有电源、新建以及计划建设电源位置、装机容量和供电能力。所选变电站（500kV）作为向地区供电的新电源应与其他电源分开。以便达到电源布局合理、安全供电的目的，同时又可减少 220kV 电网的投资和电网的网损。

3）电网结构合理。在选变电站（例如 500kV）站址时，除考虑本变电站向地区供电外，还应从电网的全局来考虑不同的站址对电网布局、结构、经济性、电网安全运行和供电可靠性的影响。

（2）变电站（例如 500kV）站址应具备的条件。变电站的站址除必须满足上述电力系统对变电站站址的要求外，还应满足以下条件。

1）站区地形、地貌及面积要满足近期建设和远期发展的要求。所选站址地形最好平坦，地貌完整没有沟谷，但又具有一定的坡度，以便于排水。若站区坡度较大，也可考虑阶梯形布置。

2）站区既不受洪水淹，又不受山洪冲，地下不压矿，地质条件要适宜。在现场踏勘时，须了解站址附近洪水淹没情况，山洪冲刷情况，站区既不受洪水淹，又不受山洪冲。站区应避开断层、滑坡、塌陷区、溶洞地带；站区不能压矿，如果无法避开应征得相关部门同意。

3）不占或少占农田，远期规划发展用地，不要过早圈定。要贯彻合理利用土地、切实保护耕地原则，在变电站址选择时要因地制宜、充分利用地形，采用阶梯等多种布置方案，尽量不占或少占农田。远期规划发展用地，哪年用哪年征，不要过早圈定。

4）各级电压进出线方便。在变电站站址选择的同时，就应对变电站各级电压输电线路进出线的路径、走廊进行研究，保证各级电压进出输电线路能进得来出得去，还要避免各级电压进出线交叉跨越。

5）站址对站区附近原有设施，应避免相互影响或危害。飞机场、导航台、收发信台、地震台、铁路信号等设施，对无线电干扰有一定要求，所选站址距上述设施距离要满足有关规程规定要求，以保证变电站对附近原有设施无影响。

所选站址附近不应有火药库、弹药库、打靶场等设施，如果有应躲开到安全距离以外的地方找站址。站址附近工厂排出有腐蚀性气体时，应分析风向，躲开有害气体。

6）交通运输方便。在变电站站址选择时，既要考虑变电站建设中的建筑材料、设备运输，特别是大件设备运输，又要考虑变电站建成后的经常性的运输、维护检修时交通运输方便。故所选站址尽量靠近铁路、公路，并且公路引接要短、要方便。

7）距水源、砂、石等建筑材料来源要近。当变电站不装调相机时，变电站用水主要为运行人员生活用水、消防用水及施工用水，一般用水量为 5～10t/h。如果变电站装调相机时，变电站用水量则大，具体数量与调相机容量有关。

在变电站站址选择时，还应考虑站址附近有无施工用砂、石、砖、瓦、水泥等建筑材料来源。

8）所选站址应有利于运行、维护、检修，而且运行人员生活条件要方便。

（二）输电线路电压等级及其路径的选择

1. 输电线路电压等级的选择

输电线路电压等级，由该线路输送容量和输送距离决定，即由负荷距（负荷乘距离）决定。当输送容量 P 为 500～1500MW，输送距离 L 为 300～100km 时，宜采用 500kV 电压；当输送容量 P 为 100～300MW，输送距离 L 为 90～30km 时，宜采用 220kV 电压；当输送容量 P 为 20～50MW，输送距离 L 为 25～10km 时，宜采用 110（66）kV 电压。最后由经济技术比较，确定输电线路的电压等级。

2. 输电线路路径选择及走廊的确定

（1）输电线路路径选择，应重点解决线路路径的可行问题，也就是应选择 2～3 个可行的线路路径，从中推荐出线路路径方案，避免出现颠覆性因素。

（2）输电线路路径应取得规划、国土和环保等政府部门的项目批准协议和有重要影响的工农业及军事等部门（国土、水利、电信、环保、地质矿产、文物古迹、公路管理、军事、铁路、供电、消防等部门）的相关协议。

（3）跨省线路和较长线路，应采用高清晰度航片，辅助路径方案的选择。

（4）同一方向线路，应采用同塔双回路、多回路。

（三）输变电工程接入系统

根据地区输变电工程规划和变电站站址及输电线路路径的选择情况，再根 Q/GDW 269《330kV 及以上输变电工程可行性研究接内容深度规定》及 Q/GDW 270《220kV 及 110（66）kV 输变电工程可行性研究接内容深度规定》

的有关规程规定，做出输变电工程接入系统工程报告。文献［15］给出输变电工程接入 500、220kV 和 110（66）kV 工程报告编写说明及工程报告编写实例。

四、电网结构及电网规划设计报告的编制

（一）放射（树枝）状电网

为提高向用户供电的可靠性，为提高向用户供电的供电质量，而建起电网。电网最初为树枝状单回路，发展到双回路，大大提高了供电的可靠性。尤其是目前各城市输电线路的路径非常难选，在建设时应按同塔双回路建设。当某个城市先在城市西部建设一个电厂或 220kV 变电站，以 110（66）kV 输电线路向市区供电，电厂或 220kV 变电站将出 2 个或 3 个树枝状 110（66）kV 输电线路向城区供电。

（二）环网

随着地区负荷发展的需要，第二个阶段在城市的南部、东部或北部建起第二个、第三个或第四个电厂或 220kV 变电站，以 110（66）kV 向城区 110（66）kV 电网供电，也就是地区原有 110（66）kV 输电线路 π 入新建的 220kV 变电站，或从新建 220kV 变电站出 110（66）kV 线向地区供电外并与另外 220kV 变电站出的 110（66）kV 输电线路连接形成 220kV 与 110（66）kV 的电磁环网，以及 110（66）kV 的多个环网结构。由于 110（66）kV 短路电流超标或 110（66）输电线路上过负荷，而要求 110（66）kV 电网解环。

（三）电磁环网

城市发展的第三个阶段，在 220kV 环网外，建第一个、第二个、第三个 500kV 变电站以 220kV 输电线向城区 110kV 环网和 220kV 环网供电，形成 110kV 环网、220kV 环网与 500kV 的电磁三环网。由于 110kV 短路电流、220kV 短路电流超标，或 110、220kV 输电线路上过负荷，而要求 110 或 220kV 电网解环。

（四）电网规划设计报告的编制

在做好负荷预测、电源装机安排、电力电量平衡、变电站址及输电线路路径选择后，再按照 Q/GDW 268—2009《国家电网公司电网规划设计内容深度规定》及 Q/GDW 156—2006《城市电力网规划设计导则》等有关规定，做出地区电网规划报告。参考文献［7］给出了省、市、地、县（市）级电网和开发区电网规划报告编写说明及编写实例。

第三节　电力系统计算

电力系统计算包括潮流计算、短路电流计算、系统稳定计算、内过电压计算、工频过电压计算、操作过电压计算、潜供电流和恢复电压计算、电力系统调相调压计算以及其他电气计算等。由于上述电气计算工程量大，现已编出程序在计算机上进行，目前广泛应用的程序有 PSD 电力系统分析软件（PSD-BPA）、电力系统分析综合程序（PSASP）。电力系统调相调压计算，目前不仅没有编制出计算程序，就连如何进行电力系统调相调压计算尚无详细论述著作。本书只讨论电力系统调相调压计算，故只对涉及的功率损失计算、电压损失计算以及标幺值计算简介如下。

一、功率损失计算

（一）输电线路功率损失计算

一般短线路功率损失计算，当始端电压 U_1、始端输送有功功率 P_1、无功功率 Q_1 已知，或 U_1、P_1、$\cos\varphi_1$ 已知，或 U_1、$W_1=P_1/\cos\varphi_1=P_1+jQ_1$ 已知，可用式（1-4）～式（1-7）求输电线路上的有功功率损失和无功功率损失：

$$\Delta P_1 = (P_1^2 + Q_1^2)R/U_1^2 = (P_1/U_1\cos\varphi_1)^2 R = W_1^2 R/U_1^2 \qquad (1\text{-}4)$$

$$\Delta Q_1 = (P_1^2 + Q_1^2)X/U_1^2 = (P_1/U_1\cos\varphi_1)^2 X = W_1^2 X/U_1^2 \qquad (1\text{-}5)$$

超高压长线路充电无功功率，被线路两端装设的高低压电抗器全部补偿后，当末端电压 U_2、末端输送有功功率 P_2、无功功率 Q_2 已知，或 U_2、P_2、$\cos\varphi_2$ 已知，或 U_2、$W=P_2/\cos\varphi_2=P_2+jQ_2$ 已知，可用下式求输电线路上的有功功率损失和无功功率损失：

$$\Delta P_2 = (P_2^2 + Q_2^2)R/U_2^2 = (P_2/U_2\cos\varphi_2)^2 R = W_2^2 R/U_2^2 \qquad (1\text{-}6)$$

$$\Delta Q_2 = (P_2^2 + Q_2^2)X/U_2^2 = (P_2/U_2\cos\varphi_2)^2 X = W_2^2 X/U_2^2 \qquad (1\text{-}7)$$

式中　ΔP_1、ΔQ_1 ——输电线路上有功功率损失，MW；无功功率损失，Mvar；

　　　P_1、Q_1 ——输电线路始端有功功率，MW；无功功率，Mvar；

　　　W_1 ——输电线路始端视在功率，MVA；

　　　P_2、Q_2 ——输电线路末端有功功率，MW；无功功率，Mvar；

　　　W_2 ——输电线路末端视在功率，MVA；

　　　R、X ——输电线路的电阻、电抗，Ω；

　　　U_1、U_2 ——输电线路始端电压、末端电压，kV。

（二）变压器功率损失计算

双卷变压器功率损失计算公式如式（1-8）及式（1-9）所示：

$$\Delta P_t = (W^2/nW_H^2)\Delta P_m + n\Delta P_C \qquad (1\text{-}8)$$

$$\Delta Q_t = [U_K(\%)W^2/nW_H100] + nI_0(\%)W_H \qquad (1\text{-}9)$$

式中　n——变压器台数；

　　　W_H——变压器的额定容量，MVA；

　　　W——变压器的通过容量，MVA；

　　　ΔP_m——变压器的短路损耗，MW；

　　　ΔP_C——变压器的空载损耗，MW；

$I_0(\%)$——变压器的空载电流；

$U_K(\%)$——变压器的短路电压。

三卷变压器应根据每一卷的电阻、电抗及其通过容量分别计算，再加上空载损耗及励磁功率。

二、输电线路电压损失计算

超高压长线路充电无功功率，被线路两端装设的高低压电抗器全部补偿后，当始端电压 U_1、始端输送有功功率 P_1（MW）、无功功率 Q_1（Mvar）已知，输电线路上末端电压降可用式（1-10）及式（1-11）计算。

$$\Delta U_1 = (P_1 R + Q_1 X)/U_1 \qquad (1\text{-}10)$$

$$j\Delta U_1 = (P_1 X - Q_1 R)/U_1 \qquad (1\text{-}11)$$

式中　ΔU_1——用输电线路始端已知量计算出的输电线路电压损失横分量，kV；

　　　$j\Delta U_1$——用输电线路始端已知量计算出的输电线路电压损失纵分量，kV。

输电线路末端电压 $U_2^2 = (U_1 - \Delta U_1)^2 + (j\Delta U_1)^2$，若忽略电压损失纵分量 $j\Delta U_1$，则输电线路末端电压 $U_2 = U_1 - \Delta U_1$。

当末端电压 U_2、末端输送有功功率 P_2（MW）、无功功率 Q_2（Mvar）已知，输电线路上始端电压降可用式（1-12）及式（1-13）计算。

$$\Delta U_2 = (P_2 R + Q_2 X)/U_2 \qquad (1\text{-}12)$$

$$j\Delta U_2 = (P_2 X - Q_2 R)/U_2 \qquad (1\text{-}13)$$

式中　ΔU_2——用输电线路末端已知量，计算出的输电线路电压损失横分量，kV；

　　　$j\Delta U_2$——用输电线路末端已知量，计算出的输电线路电压损失纵分量，kV。

输电线路始端电压 $U_1^2 = (U_2 + \Delta U_2)^2 + (j\Delta U_2)^2$，若忽略电压损失纵分量 $j\Delta U_2$，则输电线路始端电压 $U_1 = U_2 + \Delta U_2$。

三、标幺值计算

电力系统计算除计算功率损失、电压损失外，还有电网的潮流计算、短路电流计算、稳定计算、潜供电流计算，由于这些计算工作繁琐、费时，目前均可利用程序进行计算。为能在计算机上进行上述电气计算，应把电网中相应的电气参数换算成标幺值。

（一）各元件正序电抗标幺值计算公式

1. 同期电机、发电机

$$X_{1*} = [X_d''(\%)/100] \times (W_j/W_H) \qquad (1\text{-}14)$$

式中　W_j——基准容量，一般基准容量为 100MVA，则 $X_{1*} = X_d''(\%)/W_H$。

　　　W_H——发电机的额定容量，MVA。

2. 变压器

$$X_{1*}=[U_k(\%)/100]\times(W_j/W_H)，当 W_j=100MVA，则 X_{1*}=U_k(\%)/W_H \quad (1-15)$$

式中　　W_j——基准容量，一般基准容量为 100MVA；

　　　　W_H——变压器的额定容量，MVA。

3. 架空线路及电缆线路

$$电抗 X_{1*}=X_1W_j/U_j^2 \quad (1-16)$$

式中　　W_j——基准容量，一般基准容量为 100MVA；

　　　　U_j——基准电压，kV。

4. 并联电抗器

$$X_{1*}=(U_H^2/W_H)\times(W_j/U_j^2) \quad (1-17)$$

式中　　W_H——额定容量，MVA；

　　　　U_H——额定电压，kV；

　　　　I_H——额定电流，kA。

（二）各元件负序电抗标幺值计算公式

（1）发电机。

$$X_{2*}=[X_2(\%)/100]\times(W_j/W_H) \quad (1-18)$$

（2）其他各元件的负序电抗等于正序电抗。

（三）各元件零序电抗标幺值计算公式

（1）发电机。

$$X_{0*}=[X_0(\%)/100]\times(W_j/W_H) \quad (1-19)$$

（2）架空线路。

1）单回路。

$$有钢线避雷线 X_{0*}=3X_{1*} \quad (1-20)$$
$$有良导体避雷线 X_{0*}=2X_{1*} \quad (1-21)$$

2）双回路（为每回路的值）。

$$有钢线避雷线 X_{0*}=4.7X_{1*} \quad (1-22)$$
$$有良导体避雷线 X_{0*}=3X_{1*} \quad (1-23)$$

（3）三芯电缆线路。

$$X_{0*}=3.5X_{1*} \quad (1-24)$$

（4）并联电抗器。

$$X_{0*}=X_{1*} \quad (1-25)$$

（四）各元件参数及标幺值

1. 发电机参数及标幺值

各种容量的发电机以自身容量为基准的标幺值见表 1-12 内，以 100MVA 容量为基准的标幺值见表 1-13。

表 1-12 发电机以自身容量为基准的参数标幺值

容量（MW）	以自身容量为基准（%）					
	X_d	X_d'	X_d''	X_2	GD^2	T_{d0}
50	186	20	12.4	15.25	18.04	11.2
100	181	28.7	18.35	22.35	32.4	6.2
200	196.2	27.53	16.94	18.59	52.4	6.2
300	243.7	29.2	22.2	27.1	75.47	10.6
500	248.8	36.8	24.2	30	175.9	9.2
600	249.5	30.5	21	25.6		8.3
800	234.3	31.3	22.3	27		9.4

表 1-13 发电机以 100MVA 容量为基准的参数标幺值

容量（MW）	以 100MVA 容量为基准标幺值							
	X_d（%）	X_d'（%）	X_d''（%）	X_2（%）	X_0（%）	X_q（%）	$\cos\varphi$	U_H（%）
50	2.340	0.412	0.260	0.317	0.000	0.000	0.80	10.5
100	1.538	0.243	0.155	0.190	0.000	1.538	0.85	10.5
200	0.819	0.112	0.079	0.098	0.000	0.819	0.85	15.75
320	0.693	0.084	0.052	0.064	0.03	0.069	0.85	20
300	0.520	0.056	0.049	0.049	0.215		0.85	20
600	0.305	0.046	0.032	0.034	0.013		0.9	20
500	0.393	0.054	0.038	0.021	0.046		0.85	20

2. 变压器参数及标幺值

各种容量的变压器以自身容量为基准的标幺值及以 100MVA 容量为基准的标幺值见表 1-14。

表 1-14 变压器参数及标幺值

容量（MVA）	电压（kV）	以自身容量为基准				以 100MVA 容量为基准		
		U_{1-2}（%）	U_{2-3}（%）	U_{1-3}（%）	I_0（%）	U_1（%）	U_2（%）	U_3（%）
31.5								
63			13.5		0.57	0.0071+j0.215		
90			13.3		0.51	0.0039+j0.148		

容量 （MVA）	电压 （kV）	以自身容量为基准				以 100MVA 容量为基准		
		$U_{1\text{-}2}$（%）	$U_{2\text{-}3}$（%）	$U_{1\text{-}3}$（%）	I_0（%）	U_1（%）	U_2（%）	U_3（%）
120		13.12			0.45	0.0031+ j0.11		
180		12.8			0.2	0.0017+ j0.071		
240		13.85			0.61	0.0014+ j0.0698		
500	500							
750	500	11.42	22.14	38.42		0.0001+ j0.0204	0.0001− j0.003	0.0006+ j0.0361
800	500	11.4	23.35	37.38	0.113	0.0002+ j0.0159	0.0001+ j0.0016	0.0005+ j0.0308
1000	500	12	46	30	0.15	0.0001+ j0.013	0.0001− j0.001	0.0001+ j0.029
1500	500							

3. 送电线路参数及标幺值

各种导线型号、各种电压的送电线路的电阻、电抗有名值和以 100MVA 为基准的标幺值见表 1-15。

表 1-15　　　　　　　　　送电线路参数及标幺值

导线型号	电压 （kV）	有名值（Ω/100km）			标幺值（W=100MVA/100km）		
		R	X	Q（Mvar）	R	X	$Y/2$
LGJ-240	220	13	43	14	0.0268	0.0888	0.07
LGJ-300	220	9.97	43	14	0.0205	0.0888	0.07
LGJ-400	220	7.48	42	14	0.0154	0.0867	0.07
LGJ-240×2	220	6.5	31	19	0.0134	0.064	0.095
LGJ-300×2	220	5	31	19	0.0103	0.064	0.095
LGJ-400×2	220	3.74	31	19	0.0077	0.064	0.095
LGJ-300×4	500	2.5	27.55	115.6	0.001	0.0114	0.575
LGJ-400×4	500	1.87	27.55	115.6	0.0007	0.0114	0.575
LGJ-630×4	500						
LGJ-240×6	500	1.981	20.15	153.1	0.0008	0.008	0.765

$$6\sim10\text{kV 三芯电缆 } X_1=X_2=0.08\Omega/\text{km } X_0=3.5X_1$$
$$20\text{kV 三芯电缆 } X_1=X_2=0.11\Omega/\text{km } X_0=3.5X_1$$
$$35\text{kV 三芯电缆 } X_1=X_2=0.12\Omega/\text{km } X_0=3.5X_1$$
$$110\text{、}220\text{kV 单芯电缆 } X_1=X_2=0.18\Omega/\text{km} X_0=(0.8\sim1.0)X_1$$

4. 电抗器参数及标幺值

各种容量的电抗器,有名值及以 100MVA 容量为基准的标幺值见表 1-16。

表 1-16　　　　　　　　　　　　电抗器参数及标幺值

容量（Mvar）	单相容量（Mvar）	额定电压（kV）	电抗（Ω）	标幺电抗
150	50	500	2108	0.843
150	50	525	1879	0.752
150	50	550	2016	0.806
120	40	525	2249	0.899
120	40	550	2530	1.012

第二章
调相调压计算简介

【提要】 在发电厂新建或扩建工程中、变电站新建或扩建变压器时，都要进行潮流计算和调相调压计算，确定工程设计中装设无功补偿设备总容量，以及可投入与可切除容量，变压器型式与抽头变比。生产管理部门和调度运行管理部门，也要经常对电网进行调相调压计算、潮流计算、稳定计算、经济运行计算，以便确保电网能安全、可靠、经济运行。而这些计算都是在调相调压计算基础上进行的，也就是电网中各种发电厂、变电站的调相调压都符合要求才能进行潮流、稳定、经济运行计算。

本章讲述何谓调相计算，怎样进行调相计算，通过调相计算确定出变电站或发电厂装设高、低压电抗器容量及静电电容器的容量，以及最大、最小负荷时的投切容量；何谓调压计算，怎样进行调压计算，通过调压计算确定出是采用普通变压器，还是采用有载调压变压器，以及变压器的抽头（变比）。本章给出各种电压等级［500、220、110（66）kV］电网的变电站的调相调压计算内容、步骤及计算表格；各种类型发电厂（火电厂、核电站、水电站、风电场、太阳能发电站）接入各种电压等级［500、220、110（66）kV］电网的调相调压计算，并给出调相调压计算内容、步骤及表格。本章还对工厂矿山企业变电站的调相调压计算以及无功补偿设备装设地点的经济比较，进行介绍。

第一节　调相调压计算概述

一、调相调压计算的目的
（一）调相调压计算的背景及意义
电力系统各级电压在各种运行情况下，用户侧电压最好为额定电压 U_H，因为电压高会烧毁设备（如灯泡），甚至击穿设备绝缘；电压低电动机发热加速绝缘老化，严重时会烧毁电动机，电压低还引起电网的网损增加、电压低电网中静电电容器出力降低，电压降低严重时会引起电网的电压崩溃。电压偏差大、电压波动过大将影响工农业生产，以及产品的质量和产量。故电力系统把电网的电压偏差、电压波动，作为衡量电网供电质量与运行水平的主要指标之一。

我国自己设计与施工的第一个松-虎 220kV 输变电工程 1954 年 1 月投入运行，自此我国进入 220kV 高压电网建设时期。在这以后很长一段时间，一些杂志上刊载了有关电网调相调压的论文，如《农村供电网串联电容补偿与并联补偿的经济技术比较》及《用户变电所装设静电电容器的经济性》。论文中指出，用户变电所装设静电电容器，将功率因数提高到 0.95 以上，甚至是 1 都是经济的。《电力系统中无功补偿电容器的合理配置》中，提出电力系统一、二次变电站，装设静电电容器的容量为变压器容量的 15%～30%，初期装设 15%、远期装设 30%用来补偿变压器本身无功损失和供给用户无功尖峰是必要的，并采用分组自动投、切静电电容器的容量（每组容量为主变压器容量的 6%～8%），调节电网电压也是可行的。我国自己设计与施工的平武 500kV 输变电工程 1981 年投入运行后，我国进入 500kV 超高压电网建设时期，在《黑龙江省 500kV 电网装设高、低压电抗器情况调查与分析》中，作者提出 500kV 输电线路建成初期，高、低压电抗器的总补偿度应大于 90%，一回输电线路时高压电抗器应装于送端变电站，双回输电线路上高压电抗器不宜装于同一变电站内，无特殊要求尽量装设低压电抗器补偿输电线路上的充电无功功率，不仅初期节省投资，而且为调相调压投、切无功补偿电抗器创造条件。《发电输变电工程接入系统设计报告编写指南》第一次在书中全面介绍接入各种电压级的电网的各种类型发电厂、变电站，进行调相调压计内容、深度要求、计算表格，以及计算结果分析。《500kV 变电站无功补偿设备额定电压的选择与配合》论文中提出，电抗器额定电压宜比变压器的额定电压低 2%～3%，静电电容器的额定电压宜比变压器的额定电压高 2%～3%。这些论点后来被列入有关调相调压计算规程和无功补偿设备装设规定中。

我国在 1957 年前只有辽吉电业管理局实现 220kV 电网跨省调度管理局，1960 年辽吉电业管理局编制出版的《调度业务运行规程汇编》是我国最早的调度运行规程，规程中有调相调压的有关规定。在 1993 年电力工业部《关于颁发〈编制电力系统年度运行方式的规定〉（试行）》、1994 年电力工业部颁布的《电网调度管理条例实施办法》、2005 年颁布的《全国互联电网调度管理规程（试行）》、2011 年国家电网公司发布的《电网年度运行方式编制规范》，以及各大区电网和各省电网的《电网年度运行方式规程》中，都规定电网要进行调相调压计算。

为保证建成电网运行电压平稳，从电网规划设计开始，就在 1984 年《电力系统设计内容深度规定（试行）》、1985 年《城市电力网规划设计导则（试行）》以及后来的 Q/GDW 268—2009《国家电网公司电网规划设计内容深度规定》和 Q/GDW 156—2006《城市电力网规划设计导则》中，明确规定在做"电网规划设计"时，要进行调相调压计算；在 1984 年《大型水火电厂接入系统设计内容深度规定（试行）》以及后来的 Q/GDW 1271—2014《大型电源项目输电系统规划设计内容深度规定》、Q/GDW 271—2009《大型电厂输电系统规划设计内容深度规定》、Q/GDW 272—2009《大型电厂接入系统规划设计内容深度规定》、Q/GDW 1868—2012《风电场接入系统设计内容深度规定》、Q/GDW 617—2011《光伏电站接入电网技术规定》中，都明确规定"各种类型电厂接入电力系统"，都要进行调相调压计算；在 2009 年国家电网公司的 Q/GDW 269—2009《330kV 及以上输变电工程可行性研究内容深度规定》及 Q/GDW 270—2009《220kV 及 110（66）kV 输变电工程可行性研究内容深度规定》中，也明确规定各种类型变电站接入系统要进行调相调压计算。

由于电力系统各点电压水平高低，直接反映了电力系统无功电源配置多少，电力系统的电压调整，应在全系统的无功电源和无功负荷平衡的前提下进行。调相调压计算，就是根据新建输电线路电压等级，计算出系统新增加充电无功容量，确定出装设高压电抗器容量或低压电抗器容量及静电电容器容量；在做完调相计算后，再进行变压器型式与变比的选择，对研究电厂接入系统，还要确定发电机是否要具备进相运行的条件。

（二）架空输电线路的自然输送功率

架空输电线路的自然输送功率，可从表 2-1 查出或按式（2-1）计算。

表 2-1　　　　　　　　架空输电线路自然输送功率

电压 （kV）	63	110	220	220	330	330	500	500	750
导线分裂数	1	1	1	2	2	3	4	6	4
自然功率 （MW）	10	30	121	170	380	403	980	1310	2160

$$P_\lambda = (U^2/Z_\lambda) = 2.5U^2 \times 10^{-3} \text{（MW）} \tag{2-1}$$

式中　P_λ——输电线路自然输送功率，MW，对单导线、对双分裂导线为

$3.5U^2 \times 10^{-3}$，对四分裂导线为 $3.9U^2 \times 10^{-3}$，对六分裂导线为 $5.26U^2 \times 10^{-3}$；

U——输电线路额定电压，kV；

Z_λ——输电线路波阻抗，为 $260 \sim 380\Omega$。

当输电线路输送自然功率 P_λ 时，电力传输的输电线路具有如下特征：

（1）全线路各点电压、电流大小均保持不变，即送端和受端的电压和电流相等。

（2）输电线路上任一点功率因数都一样。

（3）输电线路没有无功功率损耗的传送，即输电线路产生的无功和输电线路上的无功损耗相抵消。

当输电线路输送功率大于自然输送功率时，送端（始端）电压高于受端（末端）电压，输电线路上的无功功率损耗需由系统供给。当输送功率小于自然输送功率时，送端（始端）电压低于受端（末端）电压，输电线路上产生无功功率供给（始端）系统。

（三）对地区电网电压降低与升高的原因分析

输电线路上电压降简化计算，可用式（2-2）计算

$$\Delta U = (PR + QX)/U \qquad (2\text{-}2)$$

式中　R——输电线路的电阻，Ω；

X——输电线路的电抗，Ω；

P——输电线路始端输送有功功率，MW；

Q——输电线路始端输送无功功率，Mvar；

U——输电线路始端电压，kV。

当新一级高电网建设前，由于地区原有输电线上负荷重，地区电网电压降大造成地区电网电压低。因静电电容器出力与电压平方成正比，当电网电压降 5%，则静电电容器出力降为 $0.95 \times 0.95 = 0.9025$，也就是静电电容器出力大约减少 10%。增加了地区从系统多接受的无功功率，增加输电线路上电压降。在高一级电网建成初期，地区电网电压升高，与此同时地区静电电容器出力增加，当电网电压升高 5%，则静电电容器出力 $1.05 \times 1.05 = 1.1025$（即静电电容器出力），大约增加 10%，静电电容器出力变化将大大影响地区电网的电压。

220kV 及以上电压级输电线路每回线路上输送功率，大致接近自然功率，对于短线路可能大于自然输送功率。2000 年前后内蒙古东部呼盟、兴安盟、哲盟、赤峰、黑龙江北部的建三江、吉林省的白城、辽宁省的朝阳、葫芦岛等地区，因农网改造与地区发展的需要，在原有的 110kV 或 66kV 电网基础

上新建一些 220kV 输电线路，在 220kV 末端变电站正常电压在 238kV 左右，小负荷方式电压高达 243kV，电网电压高给生产运行造成困难。对上述电网电压高的原因进行分析知：首先是几年来地区新建 220kV 输电线路，以地区市为中心成放射状向周围县（旗）供电，地区 220kV 输电线路总长合计约 450km 以上，或新建的从系统受电的 220kV 联网线及地区最长 220kV 输电线总长达 340km 以上；其次是这些偏远的农牧地区负荷较小，分配到每回 220kV 输电线路上输送负荷轻，一般大负荷输送 30～60MW，小负荷输送 10～18MW；第三是地区负荷主要为城镇工农业用电及城镇居民用电，所以负荷率低，如赤峰地区 2005 年负荷率为 29.8%；故地区末端 220kV 变电站小负荷运行方式曾经达到 243kV。

由于 2000 年前后内蒙古东四盟、辽宁西部、吉林西部和黑龙江北部地区 220kV 输电线路上负荷小于自然输送功率，故输电线路上产生无功功率从末端送向始端造成末端电压升高。根据输电线路上电压降的简化计算公式 $\Delta U = (PR + QX)/U$。当 Q 开始为负值时，电压降就减少，又电抗 X 远远大于电阻 R，一般电抗为电阻的 4.3～6.6（对双分裂导线）倍，故倒送无功功率（即无功功率为负值时）引起末端电压升高效果非常明显，参见表 2-2。解决办法是在电网中间或在较长输电线的中间装设电抗器，补偿掉输电线路充电无功功率，即解决问题。

二、为减少电压降偏差应尽量减少无功功率流动

当输电线上既输送有功功率又输送无功功率时，由于输送无功功率使得输电线上有功功率损失增加。为减少输送无功功率引起有功功率损失，在《电力系统技术导则》《电力系统电压和无功电力技术导则》《电力系统无功补偿配置技术导则》《电力系统设计技术规程》等一些导则规定中都明确"电网的无功补偿应基本上按分层、分区和就地平衡原则考虑，并应随负荷大、小变化进行调整，避免经长距离输电线路或多级变压器传送无功功率"。电力系统调相计算，一般应在电力系统的无功分层分区得到基本平衡的情况下进行，以保证电网网损最小、电压降最小。

（一）输电线路上输送功率的功率因数变化对输电线上电压降的影响

当输电线上输送无功功率与有功功率方向相同时，由于输送无功功率要引起输电线上电压降大大增加。为减少输电线上电压降，应尽量减少输电线上输送无功功率。

对单导线、双分裂导线、四分裂导线，以 PR/U 为标幺值，将 $\cos\varphi$ 在 0.95～1.0 变化时，输电线上输送无功功率引起电压降，与输送有功功率引起电压降的比例关系，如表 2-2 所示。

表 2-2   以 PR/U 为标幺值的电压计算结果表

			cosφ $[p]$	0.95	0.96	0.97	0.98	0.99	1.0
			sinφ $[Q]$	0.312	0.280	0.243	0.199	0.141	0.0
单导线	$R=0.0935\Omega/km$	$X/R=4.27$	P 引起电压降标幺值	1	1	1	1	1	1
	$X=0.4\Omega/km$		Q 引起电压降标幺值	1.402	1.245	1.069	0.867	0.608	0.0
双分裂	$R=0.0935/2\Omega/km$	$X/R=6.63$	P 引起电压降标幺值	1	1	1	1	1	1
	$X=0.31\Omega/km$		Q 引起电压降标幺值	2.177	1.933	1.661	1.346	0.944	0.0
四分裂	$R=0.0935/4\Omega/km$	$X/R=12.4$	P 引起电压降标幺值	1	1	1	1	1	1
	$X=0.29\Omega/km$		Q 引起电压降标幺值	4.072	3.617	3.106	2.517	1.766	0.0

对表 2-2 进行分析知，220kV 及以下电压，由于导线为单导线或双分裂导线，当输电线上输送功率的功率因数 cosφ 为 1 时，输电线上电压降全由输送有功功率引起；当输送功率的功率因数 cosφ 下降，对单导线降至 0.974，对双分裂导线降至 0.989，对四分裂导线降至 0.997，输送无功功率引起电压降与输送有功功率引起电压降几乎相等；当输送功率的功率因数 cosφ 降到 0.97 以下时，输送无功功率引起电压降大于输送有功功率引起电压降，功率因数越小由输送无功功率引起的电压降越大。当功率因数一定时，导线分裂数越多，因无功功率引起的压降越大。例如抽水储能电站，以 4 分裂 500kV 导线接入系统，小负荷运行方式由系统受电，水电站电压降大，为提高水电站电压，由水电站向系统倒送无功功率，当输送功率的功率因数 cosφ 降到 0.997 以下时，抽水储能电站电压可升高到大负荷运行时的电压。由第五章第一节表 5-11～表 5-13 知，当电站主变压器变比为 536/18，抽水蓄能时发电机功率因数为 −0.9905 时，电站抽水蓄能时的电压与电站大发水电时的电压基本相同；当电站主变压器变比为 550/18，抽水蓄能时发电机功率因数为 −0.9543 时，电站抽水蓄能时的电压与电站大发水电时电压基本相同；变比 550/18 时电站电压高，抽水蓄能时电站需向系统倒送无功功率多，故功率因数降到 0.95 左右。

（二）减少变压器上的电压降偏差方法

对各级变压器的电阻 R 和电抗 X 进行计算知，电阻 R 远远小于变压器的电抗 X，故变压器的电压降，主要由输送无功功率引起。在忽略 PR/U 情况下，电压降偏差 $\Delta U（\%）=QX/U^2=QU_k（\%）/W_H U^2$；若用标幺值表示，即 $\Delta U（\%）=QU_k（\%）/W_H$。将变压器短路电压百分比 $U_k（\%）$ 为 8、10.5、12.5、14 时，在忽略 PR/U 情况下，当变压器满载且变压器输送功率，在各种 cosφ 时电压降偏差计算结果，列入表 2-3 内。

表 2-3　变压器满载且变压器在各种 cosφ 时的电压偏差计算结果表

cosφ [p]		0.80	0.85	0.90	0.95	0.96	0.97	0.98	0.99	1.0
sinφ [Q]		0.60	0.527	0.436	0.312	0.280	0.243	0.199	0.141	0.0
Q 引起电压降偏差 ΔU（%）	U_k（%）=8	4.8	4.216	3.488	2.496	2.24	1.944	1.592	1.128	0.0
	U_k（%）=10.5	6.3	5.533	4.578	3.276	2.94	2.551	2.089	1.48	0.0
	U_k（%）=12.5	7.5	6.588	5.45	3.9	3.5	3.038	2.488	1.763	0.0
	U_k（%）=14	8.4	7.378	6.104	4.368	3.92	3.402	2.786	1.974	0.0

由表 2-3 知，在变压器阻抗 U_k（%）固定，变压器负荷的功率因数 cosφ 由 1 向 0.8 变化时，变压器压降偏差由 0（cosφ=1）逐渐增加；在变压器负荷的功率因数 cosφ 固定时，变压器阻抗 U_k（%）变化，变压器压降偏差随着 U_k（%）值的增加而增加。为减少变压器的压降，变压器应尽量减少输送无功功率。

当 U_k（%）=12.5，投入或切除无功补偿容量 $Q=0.08W_H$，则电压偏差 ΔU（%）=1，说明投入或切除变压器额定容量 W_H 的 8%无功补偿设备，引起变压器电压降的电压偏差为 1%。无论从降低输电线路上的电压降，还是降低变压器上的电压降，都应减少无功功率在电网中流动。

总之，无论为减少电网的网损，还是为减少输电线上电压降、变压器上电压降，都应进行调相计算。

三、各级电压变电站、电厂的运行电压允许偏差

（一）各级电压的最高电压、平均电压和额定电压

电力系统各级电压的最高电压、平均电压和额定电压见表 2-4。

表 2-4　　电力系统各级电压的最高电压、平均电压和额定电压　　　　kV

最高电压 U_{max}	550	363	242	121	69.3
平均电压 U_{cp}	525	346.5	231	115.5	66.15
额定电压 U_H	500	330	220	110	63

（二）电压允许偏差

根据 GB 12325—2008《电能质量　供电电压允许偏差》规定，电力系统在正常运行条件下，用户受电端供电电压的允许偏差为：电压偏差（%）=（实际电压－额定电压）/额定电压×100%。

（1）500kV 母线正常方式时，最高运行电压不得超过系统额定电压的＋110%。

（2）发电厂和 500kV 变电站的 220kV 母线，正常运行方式时，电压允许

偏差为系统额定电压的 0～10%；事故方式时为系统额定电压的－5%～10%。

（3）发电厂和 220kV 变电站的 35～110kV 母线，正常运行方式时，电压允许偏差为系统额定电压的－3%～7%；事故方式时为系统额定电压的－10%～10%。

（4）35kV 及以上供电电压的正、负偏差绝对值之和不超过额定电压的 10%。

（5）10kV 用户的电压允许偏差值，为系统额定电压的±7%。

（6）380V 用户的电压允许偏差值，为系统额定电压的±7%。

（7）220V 用户的电压允许偏差值，为系统额定电压的－10%～5%。

第二节　调　相　计　算

通过投入或切除无功补偿设备（静电电容器或电抗器），可改变变电站高、低压侧电压。在变压器变比固定情况下，通过调相计算，计算无功补偿设备（静电电容器或电抗器）投入或切除容量，采用合理的投入或切除措施，可使变电站在各种运行方式时，各侧电压偏差和电压波动很小，甚至无变化。下面介绍变电站、发电厂、风电场、太阳能电厂的调相计算。

一、变电站的调相计算

各级电压的变电站，既从系统接受有功功率又接受无功功率。一般变电站通过 1 回以上输电线路从系统受电，或通过 1 回以上输电线路从远方电厂受电，再以 1 回以上输电线路与系统连接。变电站的调相计算，分大负荷运行方式和小负荷运行方式两种。大负荷运行方式变电站从系统受的有功功率和无功功率最大，故在输电线路上和变压器上的电压降最大，变电站电压低。在变压器变比固定情况下，为保持变电站各侧电压变化不大，对 330kV 及以上电压的变电站，首先应切除变电站内的低压电抗器（或可投切的高压电抗器），如果变电站电压仍低，将分组的静电电容器先投入 1 组，电压仍低再投入 1 组静电电容器，使其电压升高达到正常标准为止。对 220kV 及以下的变电站，因变电站内一般不装设电抗器，大负荷方式将分组的静电电容器先投入 1 组，电压仍低再投入 1 组静电电容器，使其电压升高达到正常标准为止。

小负荷运行方式变电站从系统接受的有功功率和无功功率最少，故在输电线路上和变压器上的电压降最小，变电站电压高。在变压器变比固定情况下，为保持变电站各侧电压变化不大，对 330kV 及以上电压的变电站，应先切除 1 组静电电容器，如果电压仍高再切除 1 组静电电容器，如果变电站电压仍高，投入变电站内的低压电抗器（或可投切的高压电抗器），使其电压达到正常标准为止。对 220kV 级以下的变电站，因变电站内一般不装设电抗器，小负荷方式先切除 1 组静电电容器，如果电压仍高再切除 1 组静电电容器，使其电达到正常标准为止。由此可见，各级电压的变电站均装设无功补偿设备，随着负荷的变化投入或切除无功补偿设备进行调相，可达到变电站各侧电压达到或接近正常标准。

（一）30kV 以上变电站的调相计算

1. 330kV 以上变电站无功补偿设备的装设

（1）无功补偿配置的基本原则。电力系统配置的无功补偿装置，应保证系统在有功负荷高峰和低谷运行方式下，分（电压）层和分（供电）区的无功功率平衡。分层无功功率平衡的重点是 220kV 及以上电压等级层面的无功功率平衡，分区就地平衡的重点是 110kV 及以下地区系统的无功平衡。

各级电网应避免通过输电线路远距离输送无功电力，以便减少因输送无功功率引起有功功率损失和电压降。500kV 输电线路充电无功电力，应按照就地平衡的原则，采用高、低压并联电抗器予以补偿。

受端系统应有足够的无功备用容量，当受端系统存在电压稳定问题时，通过经济技术比较，在受端枢纽变电站配置动态无功补偿装置。

为保证系统具有足够的事故备用无功容量和调压能力，并入电网的发电机组应具备满负荷时功率因数在 0.85（滞相）～0.97（进相）运行的能力，新建机组应满足进相 0.95 运行的能力。为平衡 500kV 输电线路的充电功率，在电厂侧可采用装设一定容量的并联电抗器。

（2）330kV 以上变电站的无功补偿。

1）330kV 以上变电站的容性无功补偿。330kV 电压以上的变电站装设容性无功补偿装置的主要作用，是补偿变压器的无功功率损耗、输电线上输送无功功率的峰谷差。一般按变压器容量的 10%～25%配置静电电容器容量，参考文献［8～11］对此有详细的论述。变电站投运初期每台 750MVA 主变压器低压侧宜装设 60Mvar 低压静电电容器 1～2 组，远期装 2～3 组。并联静电电容器组和并联电抗器组宜采取自动投切方式。每组静电电容器和每组电抗器的容量不宜大于主变压器容量的8%，以防电压波动大或投切引起电压振荡。

2）330kV 变电站的感性无功补偿。当接入变电站的 500kV 输电线路长度大于 150km 时，为限制工频过电压和降低潜供电流，往往装设高压并联电抗器，以平衡 500kV 输电线路的充电功率。高压电抗器容量有 120、150、180Mvar，当装设高压电抗器补偿后还有剩余充电无功功率，可采用在变压器低压侧装设低压电抗器来补偿，每台主变压器低压侧宜装 60Mvar 或 90Mvar 低压电抗器 2～4 组，远期装 2～3 组。当 500kV 变电站装设 2 台及以上变压器时，每台变压器配置的无功补偿容量宜基本一致。

当 500kV 变电站有许多 500kV 短线接入，由于短线上不装设高压电抗器，又 500kV 短线路的充电无功功率加起来较大，主变压器低压侧无法装设低压电抗器补偿，可在母线上装设高压并联电抗器，此时高压电抗器应装设断路器，以便根据需要进行投、切。

3）高、低压电抗器补偿计算例题（无功配置）。某 500kV 变电站 b 本期仅以 240km 的 2 回 500kV 输电线路接入系统内 500kV 变电站 a，导线截面为 LGJ-400×4。若干年后远期新建的 500kV 变电站 c 只以 280km 的 2 回 500kV 输电线路接入 500kV 变电站 b。下面对 a、b、c 三个 500kV 变电站本期及远期无功补偿设备装设进行计算。

对 a、b 两个 500kV 变电站，本期新接入本变电站的 500kV 输电线路长度之半均为 120km，由于每回 500kV 输电线路长度都超过 150km，为限制工频过电压和潜供电流均要装设 150Mvar 高压电抗器一组，60Mvar 低压电抗器 2 组，称之为方案一。装 120Mvar 高压电抗器一组，60Mvar 低压电抗器 3 组，称之为方案二。将上述补偿后的补偿结果列入表 2-5 内。

表 2-5　　　　　　　无功配置方案

方案	相连变电站名称	连接各条500kV线路长度之半（km）	500kV线路充电功率 Q_c（Mvar）	新增电抗器 Q_x（Mvar）高压	低压	合计	补偿度	平衡 Q_x-Q_c（Mvar）
方案一	a-b	120	138	150		150	108.7%	12
	a-b	120	138		120	120	86.9%	−18
方案二	a-b	120	138	120		120	86.9%	−18
	a-b	120	138		180	180	130.4%	42

经过经济技术比较，推荐方案一作为本期无功补偿装设方案。在推荐方案一基础上，对远期 500kV 变电站 c 投入时无功配置方案计算。

远期 500kV 变电站 c 投入，有 2 回 500kV 线路接入 500kV 变电站 b，为限制工频过电压和降低潜供电流，装设无功补偿方案一为在 1 回 500kV 线路上装设 150Mvar 高压电抗器 1 组，在变压器低压侧装 3 组 60Mvar 低压电抗器；方案二为在 1 回 500kV 线路上装设 150Mvar 高压电抗器 1 组，在变压器低压侧装设 60Mvar 低压电抗器 2 组。两个方案无功补偿后的补偿结果见表 2-6。

表 2-6 无 功 配 置 方 案

方案	相连变电站名称	连接各条500kV线路长度之半（km）	500kV线路充电功率 Q_c（Mvar）	原有并联电抗器配置（Mvar）			本工程无功配置方案							
							新增电抗器（Mvar）			新旧电抗器合计 Q_x（Mvar）			补偿度	平衡 $Q_x - Q_c$（Mvar）
				高压	低压	合计	高压	低压	合计	高压	低压	合计		
方案一	a-b	120	138	150		150				150		150		12
	a-b	120	138		120	120					120	120		−18
	b-c	140	161				150		150	150		150		−11
	b-c	140	161					180	180		180	180		19
	合计	520	598	150	120	270	150	180	330	300	300	600	100.3%	2
方案二	a-b	120	138	150		150				150		150		12
	a-b	120	138		120	120					120	120		−18
	b-c	140	161				150		150	150		150		−11
	b-c	140	161					120	120		120	120		−41
	合计	520	598	150	120	270	150	120	270	300	240	540	90.3%	−58

注 有关500kV变电站高、低压电抗器装设参见参考文献［11］。

由表 2-6 知，方案一补偿度为 100.3%，无功功率平衡。而方案二补偿度为 90.3%，欠补偿－58Mvar，故推荐方案一。

2. 调相计算

对 330kV 及以上电压级变电站，大负荷运行方式变电站从系统受的有功功率和无功功率最大，故在输电线路上和变压器上的电压降最大，变电站电压低。在变压器变比固定情况下，为保持变电站各侧电压变化不大，对 330kV 及以上电压的变电站，冬季 15 时起随着负荷的增加，变电站的电压也随着负荷的增加而降低。为保持变电站电压不变，随着负荷的增加，首先应切除变电站内的 1 组低压电抗器（或可投切的高压电抗器），如果变电站电压仍低，再切除另外 1 组低压电抗器。电抗器全部切除后电压仍低，再投入 1 组静电电容器，18 时～19 时期间负荷达到最大，电压仍低再投入 1 组静电电容器，使其电压升高达到正常标准为止，并记录下来各点电压和投入无功补偿容量值。

小负荷运行方式变电站从系统接受的有功功率和无功功率最少，故在输电线路上和变压器上的电压降最小，变电站电压高。在变压器变比固定情况下，为保持变电站各侧电压变化不大，对 330kV 及以上电压的变电站，冬季

20 时起随着负荷的减少，变电站的电压也随着负荷的减少而升高。为保持变电站电压不变，随着负荷的减少，首先应切除变电站内的 1 组低压静电电容器，如果变电站电压仍高，再切除另外 1 组静电电容器。静电电容器全部切除后电压仍高，再投入 1 组低压电抗器，至次日 2 时期间负荷达到最小，电压仍高再投入 1 组低压电抗器，使其电压降低，达到正常标准为止，并记录下来各点电压和投入无功补偿容量值。

在主变压器变比为 525/242/66 固定不变，150Mvar 高压电抗器固定不变，大负荷时投入 2×60Mvar 静电电容器，小负荷时切除全部静电电容器，投入 60Mvar 电抗器，称之为方案一。大负荷时投入 3×60Mvar 静电电容器，小负荷时切除全部静电电容器，投入 60Mvar 电抗器，称之为方案二。将两种低压无功补偿，调相计算结果列入表 2-7 内。详细计算参见本书第三章第一节及参考文献 [15]。

表 2-7 调相计算结果表

项目	方案一（装 150Mvar 高压电抗器，60Mvar 低压电抗器，2×60Mvar 电容器）				方案二（装 150Mvar 高压电抗器，60Mvar 低压电抗器，3×60Mvar 电容器）			
	大负荷方式		小负荷方式		大负荷方式		小负荷方式	
	正常	断线	正常	断线	正常	断线	正常	断线
500kV 变电站 500kV 侧电压（kV）								
500kV 变电站 500kV 侧电压偏差（%）								
220kV 侧电压（kV）								
220kV 侧电压偏差（%）								
66kV 侧电压（kV）								
66kV 侧电压偏差（%）								

（二）220kV 变电站的调相计算

1. 220kV 变电站的无功补偿

根据分层、分区和就地平衡的原则，为补偿主变压器的无功功率损失和供无功尖峰负荷，220kV 变电站主变压器低压侧宜按主变压器容量的 15%～30%装设静电电容器（参考文献 [8～11] 对此有详细的论述），使高峰负荷时变压器 220kV 侧功率因数达到 0.95 以上。

静电电容器宜分组，单组容量不宜过大，并联静电电容器组宜采取自动投切方式。每组静电电容器容量不宜大于主变压器容量的 8%，以防电压波动大或投切引起电压振荡。220kV 电网的无功电源总容量，应大于电网的最大自然无功负荷。

对输电线路上输送容量小于自然功率的 220kV 电网，例如 2000 年前后的内蒙古东四盟电网，或新建 220kV 输电线路长度在 300km 以上，但输送容量小于 60MW 的，应在电网中或在 300km 的长线上装设电抗器，其容量为该输电线路的充电功率的 70%左右，小负荷时投入运行大负荷时切除，远期输电线路上负荷达到或接近自然功率时切除电抗器。

2. 调相计算

为保持变电站各侧电压变化不大，对 220kV 电压的变电站，冬季 15 时起随着负荷的增加，变电站的电压也随着负荷的增加而降低。在变压器变比固定情况下，为保持变电站电压不变，随着负荷的增加，首先应切除变电站内的低压电抗器（在有电抗器的条件下）。切除后电压仍低，再投入 1 组静电电容器，18～19 时的负荷达到最大，电压仍低再投入 1 组静电电容器，使其电压升高达到正常标准为止，并记录下来各点电压和投入无功补偿容量值。

小负荷运行方式变电站从系统接受的有功功率和无功功率最少，故在输电线路上和变压器上的电压降最小，变电站电压高。在变压器变比固定情况下，为保持变电站各侧电压变化不大，对 220kV 电压的变电站，冬季 20 时起随着负荷的减少，变电站的电压也随着负荷的减少而升高。为保持变电站电压不变，随着负荷的减少，首先应切除变电站内的 1 组低压静电电容器，如果变电站电压仍高，再切除 1 组静电电容器，至次日 2 时许负荷达到最小，电压仍高再切除其余静电电容器，达到正常标准为止，并记录下来各点电压和投入无功补偿容量值。

在主变压器变比为 231/121（66）固定不变，大负荷时投入 3×9Mvar 静电电容器，小负荷时切除全部静电电容器，称方案 1。大负荷时投入 4×9Mvar 静电电容器，小负荷时切除全部静电电容器，称方案 2。将两种低压无功补偿的调相计算结果列入表 2-8 内。详细计算参见本书第三章第二节及参考文献［15］。

表 2-8 　　　　　　　　调 相 计 算 结 果 表

项目	方案一（投入电容器容量）				方案二（投入电容器容量）			
	大负荷运行方式		小负荷运行方式		大负荷运行方式		小负荷运行方式	
	正常	故障	正常	故障	正常	故障	正常	故障
220kV 侧电压（kV）								
220kV 侧电压偏差（%）								
66kV 侧电压（kV）								
66kV 侧电压偏差（%）								

（三）110（66）kV 变电站的调相计算

1. 110（66）kV 变电站的无功补偿

根据分层、分区和就地平衡的原则，为补偿主变压器的无功损失和供无功尖峰负荷，66kV 变电站主变压器低压侧宜按主变压器容量的 15%～30%装设静电电容器（参考文献［8～10］对此有详细的论述），使高峰负荷时变压器 110（66）kV 侧功率因数达到 0.95 以上。

静电电容器宜分组，单组容量不宜过大，便于分组投、切，以便更好地调整电压和避免投、切引起电压振荡。分组容量小于变压器容量的 8%，可避免投、切引起电压偏差不超过 2.5%。

2. 110（66）kV 变电站的调相计算

对输电线路上负荷达到或接近自然输送功率的 110（66）kV 变电站，在变压器变比固定情况下，为保持变电站各侧电压变化不大，对 110（66）kV 电压的变电站，冬季 15 时起随着负荷的增加，变电站的电压也随着负荷的增加而降低。为保持变电站电压不变，随着负荷的增加，首先应投入 1 组静电电容器，18～19 时期间负荷达到最大，电压仍低再投入 1 组静电电容器，使其电压升高达到正常标准为止，并记录下来各点电压和投入无功补偿容量值。

小负荷运行方式变电站从系统受的有功负荷和无功负荷最少，故在输电线路上和变压器上的电压降最小，变电站电压高。在变压器变比固定情况下，为保持变电站各侧电压变化不大，对 110（66）kV 的变电站，冬季 20 时起随着负荷的减少，变电站的电压也随着负荷的减少而升高。为保持变电站电压不变，随着负荷的减少，首先应切除变电站内的 1 组低压静电电容器，如果变电站电压仍高，再切除 1 组静电电容器，至次日 2 时许负荷达到最小，电压仍高再切除其余静电电容器，达到正常标准为止，并记录下来各点电压和投入无功补偿容量值。

在主变压器变比为 110（63）/38.5（11）固定不变，大负荷时投入 3×1.0Mvar 静电电容器，小负荷时切除全部静电电容器，称方案一。大负荷时投入 4×1.0Mvar 静电电容器，小负荷时切除全部静电电容器，称方案二。将两种低压无功补偿，调相计算结果列入表 2-9 内。详细计算参见本书第三章第三节及参考文献［15］。

表 2-9 调 相 计 算 结 果 表

项目	方案一（投入电容器容量）				方案二（投入电容器容量）			
	大负荷运行方式		小负荷运行方式		大负荷运行方式		小负荷运行方式	
	正常	故障	正常	故障	正常	故障	正常	故障
110kV 侧电压（kV）								

项目	方案一（投入电容器容量）				方案二（投入电容器容量）			
	大负荷运行方式		小负荷运行方式		大负荷运行方式		小负荷运行方式	
	正常	故障	正常	故障	正常	故障	正常	故障
110kV 侧电压偏差（%）								
10kV 侧电压（kV）								
10kV 侧电压偏差（%）								

二、发电厂的调相计算

（一）接入 500kV 电网的发电厂调相计算

1. 无功补偿设备的装设

由于水电站、火电厂、核电站的发电机组，既发有功功率又发无功功率，而且所发无功功率随着发电机转子励磁电流的变化，所发无功出力大小能很平稳的变化，所以发电厂内不用装设静电电容器来调节无功出力。

对单机容量为 600～900MW 发电机组，应以 500kV 电压接入系统，当接入的 500kV 输电线路长度大于 150km 时，为限制工频过电压和降低潜供电流，往往装设高压并联电抗器，以平衡 500kV 输电线路的充电功率。高压电抗器容量有 120、150Mvar，当装设高压电抗器补偿后还有剩余充电无功功率，可采用在变压器低压侧装设低压电抗器来补偿。高、低压电抗器配置计算，参见本书第二章第二节。

2. 调相计算

各种发电厂（火电厂、核电站、水电站）既发有功功率又发无功功率，一般发电厂通过 1 回以上输电线路向系统送电。发电厂的调相计算分大负荷运行方式和小负荷运行方式两种。大负荷运行方式发电厂向系统输送的有功功率和无功功率最大，故在输电线路上和变压器上的电压降最大，受端变电站电压低。在变压器变比固定情况下，为保持发电厂和与系统相连接变电站各侧电压变化不大，对接入 500kV 及以上电压的发电厂，冬季从 15 时起随着系统负荷的增加，发电厂送往系统的出力也增加，为提高电厂的电压，首先应切除发电厂内的低压电抗器（或可投切的高压电抗器），如果发电厂电压仍低，再逐渐增加发电厂内发电机组的励磁，让发电机随着有功功率的增加也多发无功功率，使其发电厂和与系统相连接变电站内的电压升高达到正常标准为止。对接入 500kV 及以上电压的发电机组，发的无功功率主要供电厂内各种电动机所需无功功率、电厂主变压器及厂用变压器的无功功率损耗，不考虑向系统送更多的无功功率，故发电机的功率因数为 0.90。

小负荷运行方式下，发电厂向系统输送的有功功率和无功功率最少，故在输电线路上和变压器上的电压降最小，受端变电站电压高。在变压器变比固定情况下，为保持发电厂电压变化不大，对接入 500kV 及以上电压的发电厂，冬季 20 时起随着系统负荷的减少，发电厂送往系统的出力也减少，为保持发电厂电压不变，应减少发电机组的励磁，让发电厂随着有功功率的减少也少发无功功率，如果发电厂电压仍高，再投入发电厂内的低压电抗器（或可投切的高压电抗器），使其发电厂和与系统连接的变电站各侧电压达到正常标准为止。因小负荷运行方式发电机少发无功功率，甚至消耗无功功率，故应计算出对发电机进相（进相 0.97～0.95）运行的要求。

将变压器变比固定在 536/20，装设 120Mvar 高压电抗器为方案一，装设 150Mvar 高压电抗器为方案二，两个方案的调相计算结果见表 2-10。

表 2-10 调 相 计 算

项目	装 120Mvar 高压电抗器				装 150Mvar 高压电抗器			
	大负荷方式		小负荷方式		大负荷方式		小负荷方式	
	正常	断线	正常	断线	正常	断线	正常	断线
系统 500kV 变电站 500kV 侧电压（kV）								
系统 500kV 变电站 500kV 侧电压偏差（%）								
电厂 500kV 侧电压（kV）								
电厂 500kV 侧电压偏差（%）								
主变压器变比	536/20				536/20			
机组功率因数								
发电机出力								
发电机端电压（kV）								

经过调相计算说明，通过投、切高压电抗器的容量，能使变电站各侧电压偏差都在规程规定范围内。并将发电机出口的功率因数列出，看发电机的无功功率能否全发出来，是否要求发电机具备进相运行的能力。

核电站出力大小变化，由改变功率控制棒对堆芯插入深度变化而变化。为运行安全尽量减少核电站功率控制棒的动作与功率控制棒对堆芯插入深度的变化，所以核电站出力变化，远远小于火电厂，故核电站调相调压计算与火电厂相同。火电厂、核电站接入 500kV 系统的调相计算，参见本书第四章第一节及参考文献［15］；水电站接入 500kV 系统的调相计算参见本书第五章第一节。

（二）接入 220kV 电网的发电厂调相计算

1. 无功补偿设备的装设

由于水电站、火电厂的发电机组，既发有功功率又发无功功率，而且所发无功功率随着发电机转子励磁电流的变化，所发无功出力大小能很平稳地变化，所以发电厂内不用装设静电电容器来调节无功出力。

对单机容量为 300MW 以下发电机组，应以 220kV 电压接入系统，当接入变电站的 220kV 输电线路长度大于 340km 时，初期可装设高压或低压并联电抗器，以平衡 220kV 输电线路的充电功率（例如水丰至大连的长 366km 的 220kV 输电线路，刚投入时在水丰电站下游 210km 庄河开闭所装设 21Mvar 高压电抗器，后来拆除）。远期输电线路上潮流接近或大于自然功率时，可拆除电抗器。

2. 调相计算

大负荷运行方式下，发电厂向系统输送的有功功率和无功功率最大，故在输电线路上和变压器上的电压降最大，受端变电站电压低。在变压器变比固定情况下，为保持发电厂电压变化不大，对接入 220kV 电压的发电厂，冬季从 15 时起随着系统负荷的增加，发电厂送往系统的出力也增加，首先应增加发电厂内发电机组的励磁，让发电机随着有功功率的增加也多发无功功率，使其发电厂和与系统相连接变电站内的电压升高达到正常标准为止。对接入 220kV 电压的发电机组，发的无功功率主要供电厂内各种电动机所需无功功率、电厂主变压器及厂用变压器的无功功率损耗，不考虑向系统送更多的无功功率，故发电机的功率因数为 0.85。

小负荷运行方式发电厂向系统送的有功功率和无功功率最少，故在输电线路上和变压器上的电压降最小，受端变电站电压高。在变压器变比固定情况下，为保持发电厂电压变化不大，对接入 220kV 电压的发电厂，冬季 20 时起随着系统负荷减少，发电厂的出力也减少，发电厂的电压也随着负荷的减少而升高。为保持发电厂电压不变，随着的发电厂出力减少，应减少发电机组的励磁，让发电厂随着有功功率的减少也少发无功功率，使其发电厂电压达到正常标准为止。因小负荷运行方式发电机少发无功功率，甚至消耗无功功率，故应计算出对发电机进相（进相 0.97～0.95）运行的要求。

将变压器变比固定在 242/13.8，将调相计算结果列入表 2-11 内。

表 2-11　　　　　　　　　调 相 计 算 结 果 表

项目	大负荷方式				小负荷方式			
	正常	断线	断线	断线	正常	断线	断线	断线
系统 500kV 变电站 220kV 侧电压（kV）								

续表

项目	大负荷方式				小负荷方式			
	正常	断线	断线	断线	正常	断线	断线	断线
系统 500kV 变电站 220kV 侧电压偏差（%）								
电厂 220kV 侧电压（kV）								
电厂 220kV 侧电压偏差（%）								
主变压器变比	242/13.8				242/13.8			
机组功率因数								
发电机出力（MVA）								
发电机端电压（kV）								

火电厂接入 220kV 系统的调相计算，参见第四章第二节及参考文献［15］；水电站接入 220kV 系统的调相计算，参见本书第五章第二节。

（三）接入 110（66）kV 电网的发电厂调相计算

1. 无功补偿设备的装设

由于水电站、火电厂的发电机组既发有功功率又发无功功率，而且所发无功功率随着发电机转子励磁电流的变化，所发无功功率大小能很平稳的变化，所以发电厂内不用装设静电电容器来调节无功功率。

对单机容量为 50MW 以下机组，应以 110（66）kV 电压接入系统。

2. 调相计算

大负荷运行方式下，发电厂向系统输送的有功功率和无功功率最大，故在输电线路上和变压器上的电压降最大，受端变电站电压低。在变压器变比固定情况下，为保持发电厂电压变化不大，对接入 110（66）kV 电压的发电厂，冬季从 15 时起随着系统负荷的增加，发电厂送往系统的出力也增加，首先应增加发电厂内发电机组的励磁，让发电机随着有功功率的增加也多发无功功率，使其发电厂和与系统相连接变电站内的电压升高达到正常标准为止。接入 110（66）kV 电网的发电厂，直接向用户（企业、变电站）供电，应尽量向用户多送些无功功率，以减少 110（66）kV 变电站内装设静电电容器，故发电厂内发电机的功率因数为 0.8。

小负荷运行方式下，发电厂向系统输送的有功功率和无功功率最少，故在输电线路上和变压器上的电压降最小，受端变电站电压高。在变压器变比固定情况下，为保持发电厂电压变化不大，对接入 110（66）kV 电压的发电厂，冬季 20 时起，随着系统负荷减少，发电厂的出力也随着负减少而减少，发电厂的电压也随着负荷的减少而升高。为保持变发电厂电压不变，应减少发电机组的励磁，让发电厂随着有功功率的减少也少发无功功率，使其发电厂电压达到正常标准为止。

将变压器变比固定在 121/10.5，将调相计算结果列入表 2-12 内。

表 2-12　　　　　　　　　　　调相计算结果表

项目	大负荷方式				小负荷方式			
	正常	断线	断线	断线	正常	断线	断线	断线
系统 220kV 变电站 110kV 侧电压（kV）								
系统 220kV 变电站 110kV 侧电压偏差（%）								
电厂 110kV 侧电压（kV）								
电厂 110kV 侧电压偏差（%）								
主变压器变比	121/10.5				121/10.5			
机组功率因数								
发电机出力（MVA）								
发电机端电压（kV）								

火电厂接入 110（66）kV 系统的调相计算，参见本书第四章第三节及参考文献［15］；水电站接入 110（66）kV 系统的调相计算，参见第五章第三节。

三、风电场的调相计算

（一）接入 500kV 电网的风电场调相计算

1. 无功补偿设备的装设

风电场是将风能转换为机械能后，再转化为电能。风电机组容量小，到 2011 年制造厂生产出的风电机组最大单机容量为 6MW。风电机只发有功功率，不发无功功率。故风电场的升压变电站应装设静电电容器，以补偿升压变压器的无功功率损失和输电线路上输送无功功率的峰谷差。装设静电电容器的容量，应为升压变压器容量的 30%。

并联静电电容器组宜采取自动投切方式。每组静电电容器容量不宜大于主变压器容量的 8%，以防电压波动大或投切引起电压振荡。

因风电单机容量小，往往将若干组（例如 10 组 1MW 的）风电机组接入到 1 个变电站（例如 35kV 变电站）内升压送向系统（或用户）；或若干个（例如 10 个）35kV 风电场升压变电站将电力送到 1 个 220kV 变电站内升压以 220kV 送向系统；或若干个（例如 10 个）220kV 风电场升压变电站将电力送到 1 个 500kV 变电站内升压以 500kV 送向系统。

当风电场装机总容量达 800MW 以上时，风电场应以 500kV 电压接入系统，即风电场以 1 回以上 500kV 输电线向系统送电。此 500kV 风电场与系统连接，有如 500kV 变电站与系统连接一样。其高、低压电抗器配置计算，参见本节"330kV 以上变电站无功补偿配置的装设"的相关内容。

2. 调相计算

对以 500kV 电压接入系统的风电场升压变电站，在变压器变比固定情况下，大负荷运行方式下，变电站向系统输送的有功功率最大（实际上对风电场不一定是出力最大，而最大是最严重的情况），故在输电线路上和变压器上的电压降最大，变电站电压低。在风电场升压变压器变比固定情况下，为保持变电站各侧电压变化不大，对 500kV 电压接入系统的风电场升压变电站，首先应切除变电站内的低压电抗器，如果变电站电压仍低，再逐渐的投入静电电容器，使其电压升高达到正常标准为止。

小负荷运行方式下，风电场升压变电站向系统输送的有功功率最少（实际上对风电场不一定是出力最少，而最少是最严重的情况），故在输电线路上和变压器上的电压降最小，风电场升压变电站电压高。在变压器变比固定情况下，为保持风电场升压变电站各侧电压变化不大，对以 500kV 电压接入系统的风电场升压变电站，应先切除变电站内的静电电容器，如果变电站电压仍高，再投入变电站内的低压电抗器，使其电压达到正常标准为止。风电场出力不受人为控制，上述计算方式为最严重方式，如果大负荷方式时风电场出力小，小负荷方式时出力大，相当于逆调压方式，很容易调相调压。接入 500kV 电网的风电场调相计算，与接入 500kV 电网的变电站调相计算相同，风电场调相计算结果表，参见表 2-7。详细计算参见本书第六章第一节及参考文献 [15]。

（二）接入 220kV 电网的风电场调相计算

1. 无功补偿设备的装设

因风电机只发有功功率，不发无功功率，故风电场的升压变电站应装设静电电容器，以补偿升压变压器的无功功率损失和输电线路上输送无功功率的峰谷差。装设静电电容器的容量，应为升压变压器容量的 30%。

并联静电电容器组宜采取自动投切方式，每组静电电容器容量不宜大于主变压器容量的 8%，以防电压波动大或投切引起电压振荡。

2. 调相计算

对输电线路上负荷达到或接近自然输送功率的 220kV 输电线路，在变压器变比固定的情况下，大负荷运行方式先投入风电场升压变电站内装设的一部分低压静电电容器后，电压仍不能满足要求再逐渐投入其余静电电容器。

小负荷运行方式先切除风电场升压变电站内升压变压器低压侧装设的一部分静电电容器后，电压仍不能满足要求再逐渐切除其余静电电容器，直到电压合格为止，并记录下各种运行方式无功补偿设备容量和各侧电压计算结果。接入 220kV 电网的风电场调相计算，与接入 220kV 电网的变电站调相计算相同，风电场调相计算结果参见表 2-8。详细计算参见本书第六章第二节及参考文献 [15]。

（三）接入 110（66）kV 电网的风电场调相计算

1. 无功补偿设备的装设

因风电机只发有功功率，不发无功功率，故风电场的升压变电站应装设静电电容器，以补偿升压变压器的无功功率损失和输电线路上输送无功功率的峰谷差。装设静电电容器的容量，应为升压变压器容量的 30%。

并联静电电容器组宜采取自动投切方式。每组静电电容器容量不宜大于主变压器容量的 8%，以防电压波动大或投切引起电压振荡。

2. 110（66）kV 及以下受端电网调相计算

对输电线路上负荷达到或接近自然输送功率的 110（66）kV 输电线路，在变压器变比固定的情况下，大负荷运行方式先投入风电场升压变电站内装设的一部分低压静电电容器后，电压仍不能满足要求再逐渐投入其余静电电容器，直到电压接近正常运行方式时电压为止。

小负荷运行方式先切除风电场升压变电站内低压侧装设的一部分静电电容器后，电压仍不能满足要求再逐渐切除其余静电电容器，直到电压合格为止，并记录下各种运行方式无功补偿设备容量和各侧电压计算结果。接入 110（66）kV 电网的风电场调相计算，与接入 110（66）kV 电网的变电站调相计算相同，风电场调相计算结果参见表 2-9。详细计算参见本书第六章第三节及参考文献 [15]。

（四）太阳能发电站的调相计算

太阳能发电站发电有两种方式，一种是太阳能转换成热能，和火电厂一样用汽轮机带动发电机发电，其调相计算与火电厂调相计算相同。另外一种是太阳能光伏发电，发出的是直流电，经整流后变为交流电，若干个交流汇集一起接入系统与本节风电场调相计算相同。若无功补偿装置改为无功负荷静补装置后，其无功功率能根据电压变化的需要自动调节出力，其效果与发电机发无功功率一样，而调相计算与火发电厂调相计算相同。详细计算参见本书第七章第二节和第三节。

第三节　调　压　计　算

一、调压计算定义

在电网调相计算的同时，该电网的电压已经得到了改善，但主变压器供电的二次电网的电压波动，可能仍较大。为此在调相计算确定出的大负荷运行方式投入静电电容器（或切除电抗器）容量，小负荷运行方式切除静电电容器（或投入电抗器）容量基础上，再改变主变压器的变比，可调整主变压器供电的二次网电压，从计算中找出二次网电压波动最小的主变压器变比，称为调压计算。调压计算的目的是确定主变压器是选择普通变压器，还是选择有载（带负荷）调压变压器，以及主变压器的变比。

因升压变压器是将电力送出，降压变压器是从系统受电力，所以升压变压器与降压变压器高、低压侧电压不一样。对升压变压器为能保证用户侧电压，升压变压器高压侧电压比系统额定电压高10%，变压器低压侧电压为额定电压；由于输电线压降等原因，到用户侧电压已降许多，对降压变压器高压侧电压采用额定电压值，变压器低压侧电压为1.1倍额定电压，以便保证用户侧电压为额定电压。35～500kV升压变压器与降压变压器高、低压侧电压及变比见表2-13。

表 2-13 变 压 器 变 比

序号	升压变压器		降压变压器	
	高压	低压	高压	低压
1	$38.5\pm2\times2.5\%$	6.3，10.5	$35\pm2\times2.5\%$	6.6，11
2	$69.3\pm2\times2.5\%$	6.3，10.5	$63\pm2\times2.5\%$	6.6，11
3	$121\pm2\times2.5\%$	6.3，10.5，13.8	$110\pm2\times2.5\%$	6.6，11，38.5
4	$242\pm2\times2.5\%$	10.5，13.8，15.75	$220\pm2\times2.5\%$	38.5，66，121
5	$550\pm2\times2.5\%$	20，24，110，220	525	$242\pm2\times2.5\%/66（35）$或$230\pm8\times1.25\%/66（35）$

各级电压的降压变电站的主变压器，一般选用降压变压器，除非地区电力多将电力送往系统时，才选升压变压器。对水电站、火电厂、核电站、风电场和太阳能电厂中的主变压器，皆选用升压变压器。

二、降压变电站中变压器的调压计算

（一）330kV以上电压变电站中变压器的调压计算

1. 330～500kV变电站中变压器的调压计算

对330kV及以上电压变电站内变压器的调压计算，是在调相计算结果计算出大负荷运行方式切除低压电抗器，或投入静电电容器的容量；小负荷运行方式切除静电电容器，或投入电抗器容量基础上，改变变压器变比计算变压器各侧电压。即按调相计算结果确定投入或切除无功补偿设备容量基础上，再改变变压器的变比，对各种变比时大负荷正常运行方式、大负荷故障运行方式、小负荷正常运行方式、小负荷故障运行方式，计算出各种运行方式时变压器各侧电压值、电压偏差的计算称调压计算。经过计算找出电压偏差最小和电压波动最小的变比。

变压器各种变比时的调压计算结果见表 2-14。

表 2-14　　　　　　　　　500kV 变电站调压计算结果

主变压器变比	××变电站各级电压母线			大负荷方式		小负荷方式	
				正常	××故障	正常	××故障
525/242/66	××变电站	500kV 侧	电压（kV）				
			偏差（%）				
525/242/66	××变电站	220kV 侧	电压（kV）				
			偏差（%）				
		66kV 侧	电压（kV）				
			偏差（%）				
525/236/66	××变电站	500kV 侧	电压（kV）				
			偏差（%）				
		220kV 侧	电压（kV）				
			偏差（%）				
		66kV 侧	电压（kV）				
			偏差（%）				
525/230/66	××变电站	500kV 侧	电压（kV）				
			偏差（%）				
		220kV 侧	电压（kV）				
			偏差（%）				
		66kV 侧	电压（kV）				
			偏差（%）				
525/224/66	××变电站	500kV 侧	电压（kV）				
			偏差（%）				
		220kV 侧	电压（kV）				
			偏差（%）				
		66kV 侧	电压（kV）				
			偏差（%）				

2. 变压器型式选择

选取各种运行方式电压偏差及电压波动最小的主变压器变比（例如525/230/66）。再计算主变压器空载小负荷运行方式、主变压器满载时大负荷故障运行方式（无功补偿设备投入或切除值按调相计算值），计算出主变压器各电压侧的电压列入表 2-15。因小负荷运行方式系统电压最高，空载时变压器上压降最小，所以二次侧电压最高；大负荷故障运行方式系统电压最低，变压器满载变压器的电压降最大，此时二次侧电压最低，可找出电压偏差和电压波动的最大值。看所选变压器变比能否适应各种运行方式要求，如果小负荷运行方式电压偏差或大负荷故障运行方式电压偏差超过 10%，可通过改变变压器变比达到不超过 10%；若电压波动超过 10%，通过调节低压侧无功补偿设备（投入或切除）的容量，看能否调整到电压波动不超出 10%。如果能使电压偏差和电压波动都不超过 10%，可选用普通变压器；如果电压偏差或电压波动仍超过 10%，应选用有载调压变压器。

将 500kV 变电站主变压器变比为 525/230/66 时，变压器负荷由 0～100%变化时，500kV 变压器各侧电压计算结果，列入表 2-15 内。

表 2-15　　　　主变压器变比为 525/230/66 电压值的计算表格

变压器变比	××变电站各级电压母线		主变压器空载时（小负荷运行方式）	主变压器满载时（大负荷故障运行方式）	空载与满载故障方式电压偏差之差（电压波动）
525/230	××变电站	500kV 侧 电压（kV）			
		500kV 侧 偏差（%）			
		220kV 侧 电压（kV）			
		220kV 侧 偏差（%）			
		66kV 侧 电压（kV）			
		66kV 侧 偏差（%）			

详细计算参见本书第三章第一节及参考文献［15］。

（二）220kV 降压变电站中降压变压器的调压计算

1. 调压计算

对 220kV 及以下电压变电站内变压器的调压计算，是在调相计算结果计算出大负荷投入静电电容器容量、小负荷切除静电电容器容量基础上，改变变压器的变比，把各种变比时变压器各侧电压的计算结果列入表2-16 内。

表 2-16　　　　　　　　220kV 变电站调压计算结果

变压器变比	××变电站各级电压母线		大负荷方式		小负荷方式	
			正常方式	故障方式	正常方式	故障方式
230/69	220kV 侧	电压（kV）				
		偏差（%）				
	66kV 侧	电压（kV）				
		偏差（%）				
225/69	220kV 侧	电压（kV）				
		偏差（%）				
	66kV 侧	电压（kV）				
		偏差（%）				
220/69	220kV 侧	电压（kV）				
		偏差（%）				
	66kV 侧	电压（kV）				
		偏差（%）				

2. 220kV 变压器型式的选择

在调相调压计算基础上进行变压器型式及变比的选择，选取表 2-16 中各种运行方式电压偏差与电压波动最小的主变压器变比（例如 230/69），计算主变压器空载小负荷运行方式，此时系统电压高，变压器的电压降也小，故变压器的二次侧电压高；再计算主变压器满载大负荷故障运行方式（无功补偿设备按表 2-16 计算值），此时系统电压低、变压器的电压降也大，故变压器的二次侧电压低，把计算出变压器各电压侧的电压列入表 2-17 内。

表 2-17　　　　　主变压器变比为 230/69 电压值的计算表格

序号	220kV 主变压器各侧电压 U_1		主变压器空载时（小负荷运行方式）	主变压器满载时（大负荷故障运行方式）	空载与满载之差
1	220kV 侧	电压（kV）			
		偏差（%）			
2	66kV 侧	电压（kV）			
		偏差（%）			

详细计算参见本书第三章第二节及参考文献［15］第 365 页。

（三）110（66）kV 降压变电站中降压变压器的调压计算

1. 调压计算

对 110（66）kV 降压变电站内变压器的调压计算，是在调相计算结果计算出大负荷投入静电电容器容量、小负荷切除静电电容器容量基础上，改变变压器的变比，把各种变比时变压器各侧电压的计算结果列入表 2-18 内。

表 2-18　　　　　　　　　66kV 变电站调压计算结果表

主变压器变比	××变电站各级电压母线电压		正常冬大方式		正常冬小方式	
			正常	故障	正常	故障
70.95/11	66kV 侧	电压（kV）				
		偏差（%）				
	10.5kV 侧	电压（kV）				
		偏差（%）				
69.3/11	66kV 侧	电压（kV）				
		偏差（%）				
	10.5kV 侧	电压（kV）				
		偏差（%）				
66/11	66kV 侧	电压（kV）				
		偏差（%）				
	10.5kV 侧	电压（kV）				
		偏差（%）				
64.35/11	66kV 侧	电压（kV）				
		偏差（%）			-	
	10.5kV 侧	电压（kV）				
		偏差（%）				

对表 2-18 调压计算结果进行分析，提出变压器型式的选择。

2. 变压器型式选择

在调相调压计算基础上，选取表 2-18 中各种运行方式电压偏差最小的主变压器变比（例如 66/11），计算主变压器空载小负荷运行方式，此时系统电压高、变压器的电压降也小，故变压器的二次侧电压高；再计算主变压器满载大负荷故障运行方式（无功补偿设备按表 2-18 计算值），此时系统电压低、变压器的电压降也大，故变压器的二次侧电压低，把计算出变压器各电压侧的电压列入表 2-19 内。

表 2-19　　　　　　　　主变压器变比为 66/11 的计算表格

序号	66kV 主变压器各侧电压 U_1		主变压器空载时（小负荷运行方式）	主变压器满载时（大负荷故障运行方式）	空载与满载方式之差
1	66kV 侧	电压（kV）			
		偏差（%）			
2	10.5kV 侧	电压（kV）			
		偏差（%）			

对表 2-19 进行分析知：变压器各侧电压偏差及电压波动都在允许范围内，故变压器可选用普通变压器。详细计算参见本书第三章第三节及参考文献［15］。

三、发电厂中升压变压器的调压计算

水电站、火电厂、核电站所发出的电力都送往系统，所以上述电站（厂）的主变压器，应选用升压变压器。如：对 500kV 变比为 550-2×2.5%/220；对 220kV 变比为 242±2×2.5%/110；对 110kV 变比为 121±2×2.5%/35；对 66kV 变比为 69±2×2.5%/10.5。

（一）发电机组接入 330kV 以上电压的调压计算

1. 调压计算

通过调相计算，将推荐装设高压电抗器（例如 120 或 150Mvar）始终投入运行调压计算，再改变变压器变比（550/20 或 536/20 或 523/20），对每种变比计算大负荷运行方式和小负荷运行方式时各侧电压，看所选变压器变比能否适应运行要求，并将计算结果列入表 2-20 内。与此同时将每种变比时发电机出口功率因数记录下来，看发电机的无功功率能否全发出来，从中了解系统运行对发电机运行有何要求，是否要求发电机具备进相运行的能力。

表 2-20　　　　　　　　调 压 计 算

项目	大负荷正常方式			小负荷正常方式		
系统 500kV 变电站 500kV 侧电压（kV）						
系统 500kV 变电站 500kV 侧电压偏差（%）						
电厂 500kV 侧电压（kV）						
电厂 500kV 侧电压偏差（%）						

项目	大负荷正常方式			小负荷正常方式			
主变压器变比	550/20	536/20	523/20	550/20	536/20	523/20	
机组功率因数							
发电机出力（MVA）							
发电机端电压（kV）							

2. 变压器类型的选择

在调相调压计算基础上，选取各种运行方式电压偏差最小的主变压器变比（536/20），计算主变压器接近空载小负荷运行方式、主变压器满载大负荷运行方式的电压，将计算出主变压器各种电压侧的电压列入表 2-21 内，所选变压器变比能否适应运行要求，变压器可否选用普通变压器。

表 2-21   调相调压计算 （故障方式）

项目	主变压器接近空载小负荷运行方式	主变压器满载大负荷故障运行方式
系统 500kV 变电站500kV 侧电压（kV）		
系统 500kV 变电站500kV 侧电压偏差（%）		
电厂 500kV 侧电压（kV）		
电厂 500kV 侧电压偏差（%）		
主变压器变比	536/20	536/20
机组功率因数		
发电机出力（MVA）		
发电机端电压（kV）		

发电厂中升压变压器的调压计算，对火电厂参见本书第四章第一节及参考文献 [15]。对水电站参见本书第五章第一节。

（二）发电机组接入 220kV 电压的调压计算

在调相计算基础上进行调压计算，对每种变比计算大负荷运行方式和小负荷运行方式时各侧电压，看所选变压器变比能否适应运行要求，并将计算结果列入表 2-22 内。与此同时将每种变比时发电机出口功率因数记录下来，看发电机的无功功率能否全发出来，从中了解系统运行对发电机运行有何要求，是否要求发电机具备进相运行的能力。

表 2-22　　　　　　　　调压计算结果表　（正常方式）

项目	大负荷方式					小负荷方式				
系统 500kV 变电站 220kV 侧电压（kV）										
系统 500kV 变电站 220kV 侧电压偏差（%）										
电厂 220kV 侧电压（kV）										
电厂 220kV 侧电压偏差（%）										
主变压器变比	254/20	248/20	242/20	236/20	230/20	254/20	248/20	242/20	236/20	230/20
机组功率因数										
发电机出力（MVA）										
发电机端电压（kV）										

　　在调相调压计算基础上，选取表 2-22 中各种运行方式电压偏差最小的主变压器变比（例如 248/20），计算发电机出力接近空载的小负荷运行方式，此时系统电压高、变压器电压降也小；再计算发电机满出力大负荷故障运行方式，此时系统电压较低、变压器电压降也大，变压器高压侧电压低，把计算出主变压器各种电压侧的电压列入表 2-23 内，看所选变压器变比能否适应运行要求，决定变压器是选用普通变压器，还是选用有载调压变压器。

表 2-23　　　　　　　　调压计算结果表　（故障方式）

项目	主变压器接近空载小负荷运行方式	主变压器满载大负荷故障运行方式
系统 500kV 变电站 220kV 侧电压（kV）		
系统 500kV 变电站 220kV 侧电压偏差（%）		
电厂 220kV 侧电压（kV）		

项目	主变压器接近空载小负荷运行方式	主变压器满载大负荷故障运行方式
电厂 220kV 侧电压偏差（%）		
主变压器变比	248/20	248/20
机组功率因数		
发电机出力（MVA）		
发电机端电压（kV）		

发电厂中发电机组接入 220kV 电压的调压计算，火电厂参见本书第四章第二节及参考文献［15］，水电站参见本书第五章第二节。

（三）发电机组接入 110（66）kV 电压的调压计算

在调相计算基础上进行调压计算，即改变变压器变比，计算各种运行方式时各侧电压及电压偏差，看发电机功率因数在各种变比时如何变化，哪个变比时发电机的无功功率都能发出来，是否要求发电机具备进相运行的能力，并将计算结果列入表 2-24 内。

表 2-24　　　　　　　　调压计算结果表（正常方式）

项目	大负荷方式			小负荷方式		
系统 220kV 变电站 66kV 侧电压（kV）						
系统 220kV 变电站 66kV 侧电压偏差（%）						
电厂 66kV 侧电压（kV）						
电厂 66kV 侧电压偏差（%）						
主变压器变比	72.45/10.5	70.72/10.5	69/10.5	72.45/10.5	70.72/10.5	69/10.5
机组功率因数						
发电机出力（MVA）						
发电机端电压（kV）						

在调相调压计算基础上，选取表 2-24 中各种运行方式电压偏差最小的主变压器变比（例如 70.72/10.5），计算发电机出力接近空载的小负荷运行方式，此时系统电压高、变压器电压降也小；再计算发电机满出力大负荷故障运行方式，此时系统电压较低、变压器电压降也大，变压器高压侧电压低，把计算出主变压器各种电压侧的电压列入表 2-25 内，看所选变压器变比能否适应

运行要求，决定变压器是选用普通变压器，还是选用有载调压变压器。

表 2-25 调压计算结果表（故障方式）

项目	主变压器接近空载小负荷 运行方式	主变压器满载大负荷故障 运行方式
系统 220kV 变电站 66kV 侧电压（kV）		
系统 220kV 变电站 66kV 侧电压偏差（%）		
电厂 66kV 侧电压（kV）		
电厂 66kV 侧电压 偏差（%）		
主变压器变比	70.72/10.5	70.72/10.5
机组功率因数		
发电机出力（MVA）		
发电机端电压（kV）		

发电厂中发电机组接入 110（66）kV 电压的调压计算，火电厂参见本书第四章第三节及参考文献 [15]，水电站参见本书第五章第三节。

四、风电场中升压变压器的调压计算

风电场所发出的电力都送往系统，所以风电场的主变压器，应选用升压变压器。风电场接入电力系统的调压计算，基本上与变电站接入电力系统的调压计算相同，仅在选择变压器变比时，风电场变压器高压侧应选用升压变压器变比。即低压侧选用平均电压，高压侧选用升压变压器变比，如：对 500kV 变比为 550±2×2.5%/220；对 220kV 变比为 242±2×2.5%/110；对 110kV 变比为 121±2×2.5%/35；对 66kV 变比为 69±2×2.5%/10.5。

（一）风电场接入 330kV 以上电压的调压计算

1. 调压计算

对高压电抗器为 120Mvar 的调相条件下，改变变压器的变比，计算各种运行方式时变压器各侧电压计算结果见表 2-26。

表 2-26 调相调压计算（正常方式）

主变压器变比	母线电压		大负荷方式	小负荷方式
523/230/66	风电场变电站 500kV 侧	电压（kV）		
		偏差（%）		

续表

主变压器变比	母线电压		大负荷方式	小负荷方式
523/230/66	风电场变电站 220kV 侧	电压（kV）		
		偏差（%）		
	风电场变电站 66kV 侧	电压（kV）		
		偏差（%）		
536/230/66	风电场变电站 500kV 侧	电压（kV）		
		偏差（%）		
	风电场变电站 220kV 侧	电压（kV）		
		偏差（%）		
	风电场变电站 66kV 侧	电压（kV）		
		偏差（%）		
550/230/66	风电场变电站 500kV 侧	电压（kV）		
		偏差（%）		
	风电场变电站 220kV 侧	电压（kV）		
		偏差（%）		
	风电场变电站 66kV 侧	电压（kV）		
		偏差（%）		

风电场接入 500kV 电压的调压计算，参见本书第六章第一节及参考文献 [15] 第 194 页。

2. 变压器型式的选择

选取各种运行方式电压偏差及电压波动最小的主变压器变比（例如 536/230/66）。再计算主变压器空载小负荷运行方式、主变压器满载时大负荷 故障运行方式（无功补偿设备投入或切除值按调相计算值），又 220kV 电网 电压为各种值时，计算出主变压器 500kV 侧的电压列入表 2-27。因小负荷运 行方式系统电压最高，空载时变压器上压降最小，所以高压侧电压最高；大 负荷故障运行方式系统电压最低，变压器满载变压器的电压降最大，此时高 压侧电压最低，可找出电压偏差和电压波动的最大值。看所选变压器变比能 否适应各种运行方式要求，如果小负荷运行方式电压偏差或大负荷故障运行 方式电压偏差超过 10%，可通过改变变压器变比达到不超过 10%；若电压波 动超过 10%，通过调节低压侧无功补偿设备（投入或切除）的容量，看能否调整到电压波动不超出 10%。如果能使电压偏差和电压波动都不超过 10%，可选用普通变压器；如果电压偏差或电压波动仍超过 10%，应选用有载调压变压器。

将计算出电压偏差和电压波动最小的 500kV 风电场主变压器变比，例如为 536/230/66kV 时，变压器负荷由 0～100%变化时，500kV 变压器 500kV 各侧电压计算结果，列入表 2-27 内。

表 2-27　　　　　主变压器变比为 536/230/66 电压值的计算表格

变压器变比	××变电站各级电压母线			主变压器空载时（小负荷运行方式）	主变压器满载时（大负荷故障运行方式）	空载与满载故障方式电压偏差之差（电压波动）
536/230/66	××变电站	500kV 侧	电压（kV）			
			偏差（%）			
		220kV 侧	电压（kV）			
			偏差（%）			
		66kV 侧	电压（kV）			
			偏差（%）			

计算结果参见本书第六章第一节。

（二）风电场接入 220kV 电压的调压计算

1. 调压计算

对接入 220kV 及以下电压风电场的调压计算，是在调相计算结果计算出大负荷投入静电电容器容量、小负荷切除静电电容器容量基础上，改变变压器的变比，把各种变比时变压器各侧电压的计算结果列入表 2-28 内。

表 2-28　　　　　　　220kV 变电站调压计算结果

变比	××变电站各级电压母线		大负荷方式		小负荷方式	
			正常方式	故障方式	正常方式	故障方式
254/66	220kV 侧	电压（kV）				
		偏差（%）				
	66kV 侧	电压（kV）				
		偏差（%）				
242/66	220kV 侧	电压（kV）				
		偏差（%）				
	66kV 侧	电压（kV）				
		偏差（%）				

续表

变比	××变电站各级电压母线		大负荷方式		小负荷方式	
			正常方式	故障方式	正常方式	故障方式
230/66	220kV 侧	电压（kV）				
		偏差（%）				
	66kV 侧	电压（kV）				
		偏差（%）				

2. 变压器型式选择

选取各种运行方式电压偏差及电压波动最小的主变压器变比（例如 230/66）。再计算主变压器空载时小负荷运行方式、主变压器满载时大负荷故障运行方式（无功补偿设备投入或切除值按调相计算值），主变压器各侧电压计算结果，列入表 2-29 内。

表 2-29　　　　主变压器变比为 230/66 电压值的计算表格

序号	220kV 主变压器各侧电压 U_1		主变压器空载时（小负荷运行方式）	主变压器满载时（大负荷故障运行方式）	空载与满载之差
1	220kV 侧	电压（kV）			
		偏差（%）			
2	66kV 侧	电压（kV）			
		偏差（%）			

接入 220kV 电压的调压计算，参见本书第六章第二节及参考文献 ［15］ 第 238 页。

（三）风电场接入 110（66）kV 升压变压器的调压计算

1. 调压计算

对 110（66）kV 风电场升压变电站内变压器的调压计算，是在调相计算结果计算出大负荷投入静电电容器容量、小负荷切除静电电容器容量基础上，改变变压器的变比，把各种变比时变压器各侧电压的计算结果列入表 2-30 内。

表 2-30　　　　110（66）kV 变电站调压计算结果表

主变压器变比	××变电站各级电压母线电压		正常冬大方式	正常冬小方式
70.95/10.5	66kV 侧	电压（kV）	6	6
		偏差（%）		

主变压器变比	××变电站各级电压母线电压		正常冬大方式	正常冬小方式
70.95/10.5	10.5kV 侧	电压（kV）		
		偏差（%）		
69.3/10.5	66kV 侧	电压（kV）		
		偏差（%）		
	10.5kV 侧	电压（kV）		
		偏差（%）		
66/10.5	66kV 侧	电压（kV）		
		偏差（%）		
	10.5kV 侧	电压（kV）		
		偏差（%）		
64.35/10.5	66kV 侧	电压（kV）		
		偏差（%）		-
	10.5kV 侧	电压（kV）		
		偏差（%）		

对调压计算结果表 2-26 进行分析。

2. 变压器型式选择

选取各种运行方式电压偏差及电压波动最小的主变压器变比（例如 66/10.5）。再计算主变压器空载时小负荷运行方式、主变压器满载时大负荷故障运行方式（无功补偿设备投入或切除值按调相计算值），又 10.5kV 电网电压为各种值时，选取表 2-26 中各种运行方式电压偏差与电压波动最小的主变压器变比（例如 66/10.5），主变压器各侧电压计算结果列入表 2-31 内。

表 2-31　　　　主变压器变比为 66/10.5 的计算表格

序号	66kV 主变压器各侧电压 U_1		主变压器空载时（小负荷运行方式）	主变压器满载时（大负荷故障运行方式）	空载与满载方式之差
1	66kV 侧	电压（kV）			
		偏差（%）			
2	10.5kV 侧	电压（kV）			
		偏差（%）			

对表 2-27 进行分析知：变压器各侧电压偏差及电压波动都在允许范围内，故变压器可选用普通变压器。详细计算参见本书第三章第三节及参考文献［15］。

（四）太阳能发电站的调压计算

太阳能转换成热能的太阳能发电站，其调压计算与火电厂调压计算相同。另外一种是太阳能光伏发电的调压计算与风电场调压计算相同。详细计算参见本书第七章第二节、第三节。

第四节　工厂、矿山企业的调相调压计算

工厂、矿山企业负荷功率因数低，一般为 0.7 左右，故无功负荷较大。工厂、矿山企业以及 66kV 以下降压变电站的调相计算，实际上是研究如何补偿无功功率，研究静电电容器装在何处，每处装设容量，以及可投切总容量和分组投切容量的问题，本节对工厂、矿山企业无功补偿的经济比较方法进行简介，调压计算和变压器变比的选择与电力系统 110（66）kV 降压变电站调压计算相同。

一、电力系统无功负荷及其补偿设备类型

（一）工厂、矿山企业及电力系统无功负荷

根据统计资料知，工厂、矿山企业的负荷主要是感应电动机，无功负荷与有功负荷相当（等），即 $Q=P$。

在 Q/GDW 156—2006《城市电力网规划设计导则》4.6.3 条无功补偿容量的配置中，给出电网无功功率分层平衡，可用 K 值计算法确定：$K=Q_m/P_m$，式中，P_m 为电网最大有功负荷，kW；Q_m 为对应 P_m 所需的无功设备容量，kvar。Q_m 包括地区发电厂发的无功功率，电力系统可能输入的无功功率，运行中的无功补偿设备容量（包括用户）和城网线路充电无功功率的总和。K 值大小与城网结构、电压层次有关，一般 K 值为 1.1～1.3。

对 10kV 级电压无功负荷 Q_m，为各级用户无功负荷加上 10kV 输电线上无功功率损失及 10kV 变压器上无功功率损失，一般为 $1.05P_m$；对 110（66）kV 级电压无功负荷 Q_m，为 10kV 级电压无功负荷加上 110（66）kV 输电线上无功功率损失及 110（66）kV 变压器上无功功率损失，一般为 $1.1P_m$～$1.15P_m$，取 $1.13P_m$；对 220kV 级电压无功负荷 Q_m，为 110（66）kV 级电压无功负荷加上 220kV 输电线上无功功率损失及 220kV 变压器上无功功率损失，一般为 $1.15P_m$～$1.25P_m$，取 $1.2P_m$；对 500kV 级电压无功负荷 Q_m，为 220kV 级电压无功负荷加上 500kV 输电线上无功功率损失及 500kV 变压器无功功率损失，一般为 $1.25P_m$～$1.35P_m$，取 $1.3P_m$。

（二）电力系统无功电源

1. 发电机发出的无功功率

100MW 以下发电机功率因数为 0.8，扣除厂用和升压变压器无功功率损失后，向系统供电的功率因数为 0.88；对 100～300MW 发电机功率因数为 0.85，扣除厂用和升压变压器无功功率损失后，向系统供电的功率因数为 0.93。按上述功率因数计算发电机发出的无功功率。

2. 同步调相机

同步调相机可发额定容量的无功功率，也可吸收小于机组额定容量（70%～80%）的无功功率。

3. 并联静电电容器

并联静电电容器是无功负荷的主要电源，运行出力大小与运行电压平方成正比。并联静电电容器装于各级用户，以及各级电压的变电站中。由于静电电容器装卸方便，运行维护简单，价格低，所以国内外广泛用它作为无功补偿装置。

4. 输电线路充电无功功率

输电线路既是无功负荷也是无功电源，其消耗的无功电力与导线通过电流的平方成正比，产生的无功电力与运行电压平方成正比。各级电压输电线路充电功率及单芯铅包电缆充电功率参见表 2-32 及表 2-33。

表 2-32　　　　　　各级电压输电线路充电功率表

电压（kV）	63	110	220（单根）	220（双分裂）	330（双分裂）
充电功率（Mvar/km）	0.01	0.034	0.13	0.19	0.41
电压（kV）	500（四分裂）	500（六分裂）	750（四分裂）	1000（八分裂）	
充电功率（Mvar/km）	1.15	1.56	2.4	5.3	

表 2-33　　　　　　单芯铅包电缆充电功率　　　　　　Mvar/km

截面积（mm²）	35kV	63kV	110kV	220kV	500kV
270		0.26	1.23	3.25	
400	0.09	0.29	1.26	3.57	
600	0.1	0.32	1.52	3.9	
680		0.33	1.58	4.05	17.3
920	0.12	0.36	1.75	4.45	
1200			2.07	5.2	
1600			2.3	5.75	
2000			2.51	6.2	

架空输电线路充电功率 Q_c 的计算公式为：

对单根导线 $\qquad Q_c = 2.5 U_n^2 L \times 10^{-6}$（Mvar/km）$\qquad$（2-3）

对双分裂导线 $\qquad Q_c = 3.75 U_n^2 L \times 10^{-6}$（Mvar/km）$\qquad$（2-4）

对四分裂导线 $\qquad Q_c = 4.26 U_n^2 L \times 10^{-6}$（Mvar/km）$\qquad$（2-5）

对六分裂导线 $\qquad Q_c = 5.65 U_n^2 L \times 10^{-6}$（Mvar/km）$\qquad$（2-6）

式中 $\quad U_n$ ——输电线路运行电压，kV；

$\quad L$ ——输电线路长度，km。

二、电力系统中静电电容器的合理配置

1. 补偿降压变电站中变压器无功功率损失需要装设的静电电容器的容量

这种补偿容量应满足变电站降压变压器的励磁无功功率和漏抗无功功率损失，即 $\Delta Q_B = I_0\% W_H + (U_k\%/100)(W^2/W_H)$，以便减少输电线路由于输送 ΔQ_B 引起的有功功率损失。就一次变电站而言，ΔQ_B 与主变压器容量 W_H 之比 $\Delta Q_B/W_H$ 为 0.12～0.15；对二次变电站而言，ΔQ_B 与主变压器容量 W_H 之比 $\Delta Q_B/W_H$ 为 0.08～0.12。

2. 补偿降压变电站供电区尖峰无功负荷需要装设的静电电容器的容量

电力系统最大负荷时，自然功率因数 $\cos\varphi_1$ 为 0.7 左右。由于励磁无功负荷与有功负荷变化无关，故最小负荷时功率因数低，一般 $\cos\varphi_2$ 为 0.65 左右。系统负荷率 $\beta = P_{最大}/P_{最小}$，为 0.7 左右，则变电站供给无功负荷的尖峰（峰、谷差）ΔQ 为

$\Delta Q = P_{最大}\tan\varphi_1 - P_{最大}\beta\tan\varphi_2 = P_{最大}\times 1.02 - P_{最大}\times 0.7 \times 1.169 = 0.2016 P_{最大}$

又变压器经常在 70%～80% 负荷下运行，则尖峰无功 ΔQ 与变压器容量之比 $\Delta Q/W_H$ 为 0.15 左右。

在《电力系统电压和无功管理条例》中规定，一次变电站向二次变电站或大用户供电功率因数为 0.9 时，在一次变电站需补偿的无功容量 ΔQ 与有功负荷 P 之比为 $\Delta Q/P = 0.15$。而二次变电站按《力率调整电费办法》规定：一般以功率因数 0.85 向用户供电，二次变电站以功率因数 0.9 受电，再以功率因数 0.85 供电时，需补偿的无功容量与有功负荷之比 $\Delta Q/P$ 为 0.13～0.14。上述规定就是要求变电站能补偿其供电区的尖峰无功负荷。

全国电力系统目前均发生最大负荷时电压低，最小负荷时电压高的现象，其原因是电网大负荷时缺无功，小负荷时多无功。如果对每个供电地区，都能按有功负荷的负荷曲线的峰谷变化，相应的调整无功功率，使系统的无功功率与无功负荷（包括电网无功损失在内）经常保持平衡，就能达到系统调相调压的目的。

由于系统无功电源组成比有功电源要复杂得多，且大部分不在各级电力调度管辖之下。尤其是工厂、矿山企业，按《力率调整电费办法》大量装设无功补偿静电电容器，高峰负荷时增加系统无功功率，从提高运行电压、降低输电线路损失的观点看是有利的。但因设备不受电力系统调度控制，在小负荷时不能及时切除多余的静电电容器，形成无功功率过剩，出现由用户向系统倒送无功功率而使电压过高现象。从电力系统调相调压及电力系统调度管理来看，补偿用户尖峰无功负荷的静电电容器，应装在电力系统调度人员控制的变电站内。

于是变电站内装设的静电电容器容量应为 $Q=\Delta Q_B+\Delta Q$，对一次变电站，Q/W_H 为 0.27～0.3；对二次变电站，Q/W_H 为 0.23～0.27，也就是应为变电站变压器容量的 20%～30%。在变电站投入初期装 20%W_H，后期装 30%W_H 的静电电容器。

三、为向工厂、矿山企业供无功功率而装设的静电电容器地点的确定

工厂、矿山企业装设静电电容器来补偿自己的无功基荷，以达到无功功率就地平衡。对分散的小用户或 10/0.38kV 配电变压器台，是将静电电容器分散装设，还是集中装设，有待进行经济比较后确定。

（一）集中装设

静电电容器集中装在工厂、矿山的一次变电站内，再向其他变压器台或用户转供无功负荷。

集中装设静电电容器投资为

$$B_1=k_{k1}Q_{k1} \tag{2-7}$$

式中　　k_{k1}——集中装设静电电容器时，每千乏静电电容器综合投资造价，元/kvar；

　　　　Q_{k1}——集中装设静电电容器的容量，kvar。

　　　又　　　　　　　　$Q_{k1}=Q_1+Q_2+\Delta Q_1+\Delta Q_2 \tag{2-8}$

式中　　Q_1、Q_2——1 号和 2 号变压器的无功负荷，kvar；

　　　　ΔQ_1——1 号变压器及向 1 号变电站供电的输电线路，在输送有功 P_1 引起的无功功率损失之和，kvar；

　　　　ΔQ_2——2 号变压器及向 2 号变电站供电的输电线路，在输送有功 P_2 引起无功功率损失之和，kvar。

集中装设静电电容器，输电电网上有功损失为

$$\Sigma\Delta P_1=\Delta P_1+\Delta P_2+\Delta P_{C1} \tag{2-9}$$

$$\Delta P_{C1}=qQ_{k1}$$

式中　　ΔP_1——1 号变压器及向 1 号变电站供电的输电线路，在输送有功功率 P_1 引起的有功功率损失之和，kW；

　　　　ΔP_2——2 号变压器及向 2 号变电站供电的输电线路，在输送有功功

率 P_2 引起的有功功率损失之和，kW；

ΔP_{C1} ——静电电容器的有功功率损失，kW；

q ——静电电容器的有功功率损失率，kW/kvar，一般对 1kV 以下静电电容器为 0.0032kW/kvar，对 1kV 以上静电电容器为 0.0012kW/kvar。

集中装设静电电容器后，其有功功率引起的电量损失，对输电线路为输电线路上有功功率损失乘以输电线路最大负荷利用小时数；对变压器为变压器上有功功率损失还要分成励磁损失乘以 8000h，铜损乘以变压器最大负荷利用小时数；静电电容器有功功率损失乘以静电电容器运行小时数。但考虑到变压器励磁损失占的比例较小，其余三部分损失的最大负荷利用小时数基本相同，故近似简化成

$$A_1 = (\Delta P_1 + \Delta P_2 + \Delta P_{C1})T = \Sigma \Delta P_1 T \tag{2-10}$$

有功功率损失电费为

$$b_1 = \Sigma \Delta P_1 T Z \ \text{元/年} \tag{2-11}$$

式中 T ——最大负荷利用小时数，h；

Z ——每千瓦时电的费用，元/kWh。

集中装设静电电容器的年费用 AC_{m1} 为

$$AC_{m1} = B_1 \frac{i(1+i)^n}{(1+i)^n - 1} + C_{m1} \tag{2-12}$$

式中 AC_{m1} ——折算到工程建成年的年费用；

B_1 ——折算到工程建成年的年总投资；

C_{m1} ——折算到工程建成年的运行费用，考虑到静电电容器当年可投入运行，则 $C_{m1} = pk_{k1}Q_{k1} + b_1$，$k_{k1} = i(1+i)^n/[(1+i)^n - 1]$ 为资金回收系数；当设备寿命 $n = 25$ 年，贷款利率 $i = 10\%$ 时，资金回收系数为 0.11017；当 $n = 25$ 年，$i = 8\%$ 时，资金回收系数为 0.09368。

p ——静电电容器的折旧维护率。

（二）分散装设

静电电容器分散装在工厂、矿山的二次变电站内，再向其他变压器台或用户转供无功负荷。

分散装设静电电容器投资为

$$B_2 = k_{k2}Q_{k2} \tag{2-13}$$

式中 k_{k2} ——分散装设静电电容器时，每千乏静电电容器综合投资造价，元/kvar；

Q_{k2} ——分散装设静电电容器的容量，kvar。

又 $$Q_{k2} = Q_1 + Q_2 + \Delta Q_{11} + \Delta Q_{22} \qquad (2\text{-}14)$$

式中 Q_1、Q_2——1 号和 2 号变压器的无功负荷，kvar；

$\quad\quad \Delta Q_{11}$——1 号变压器及向 1 号变电站供电的输电线路，在输送有功功率 P_1 时引起的无功功率损失之和，kvar；

$\quad\quad \Delta Q_{22}$——2 号变压器及向 2 号变电站供电的输电线路，在输送有功功率 P_2 时引起的无功功率损失之和，kvar。

分散装设静电电容器，输电电网上有功功率损失为

$$\Sigma\Delta P_{12} = \Delta P_{11} + \Delta P_{22} + \Delta P_{CC} \qquad (2\text{-}15)$$
$$\Delta P_{CC} = qQ_{k2}$$

式中 ΔP_{11}——1 号变压器及向 1 号变电站供电的输电线路，在仅供有功功率 P_1 时引起的有功功率损失之和，kW；

$\quad\quad \Delta P_{22}$——2 号变压器及向 2 号变电站供电的输电线路，在仅供有功功率 P_2 时引起的有功功率损失之和，kW；

$\quad\quad \Delta P_{CC}$——静电电容器的有功功率损失，kW；

$\quad\quad q$——静电电容器的有功功率损失率，kW/kvar。

有功功率损失电费为

$$b_2 = \Sigma\Delta P_{12} TZ \text{（元/年）} \qquad (2\text{-}16)$$

式中 T——最大负荷利用小时数，h；

$\quad\quad Z$——每千瓦时电的费用，元/kWh。

分散装设静电电容器的年费用 AC_{m2} 为

$$AC_{m2} = B_2 \frac{i(1+i)^n}{(1+i)^n - 1} + C_{m2} \qquad (2\text{-}17)$$

式中 AC_{m2}——折算到工程建成年的年费用；

$\quad\quad B_2$——折算到工程建成年的年总投资；

$\quad\quad C_{m2}$——折算到工程建成年的运行费用，考虑到静电电容器当年可投入运行，则 $C_{m2} = pk_{k2}Q_{k2} + b_2$；$k_{k2} = i(1+i)^n / [(1+i)^n - 1]$ 为资金回收系数；当设备寿命 $n=25$ 年，贷款利率 $i=10\%$ 时，资金回收系数为 0.11017；当 $n=25$ 年，$i=8\%$ 时，资金回收系数为 0.09368。

$\quad\quad p$——静电电容器的折旧维护率。

若 $AC_{m1} < AC_{m2}$，则集中装设静电电容器续经济；$AC_{m1} > AC_{m2}$，则分散装设静电电容器续经济。经比较知，当集中装设静电电容器综合造价，比分散装设静电电容器综合造价省 25%以上时，集中装设经济；当集中装设静电电容器综合造价，比分散装设静电电容器综合造价省 5%以下时，分散装设经济。一般情况，应由经济比较确定。

四、电力系统装设与工厂用户装设静电电容器的经济比较

（一）用户装设静电电容器的经济比较

用户装设静电电容器投资为

$$B_3 = k_{k3}Q_{k3} \qquad (2-18)$$

式中　Q_{k3}——用户装设静电电容器的容量，kvar；

　　　　k_{k3}——用户装设静电电容器时，每千乏静电电容器综合造价，元/kvar。

按《力率调整电费办法》规定，用户由于装设静电电容器 Q_{k3} 后，与未装设静电电容器前相比，用户向电业局少交的电费为

$$b_3 = (A + PTZ)(m_1 + m_2) \qquad (2-19)$$

式中　A——用户向电业局交的基本电费，元/（kVA·年）；

　　　　P——用户最大负荷，kW；

　　　　T——用户最大负荷利用小时数，对二班生产 $T=4000h$；对三班生产 $T=6000h$；对不间断生产 $T=8000h$。

　　　　Z——每千瓦时电的费用，元/kWh。

m_1、m_2——按《力率调整电费办法》规定，月平均功率因数低于 0.85 时，增收电费率（m_1），月平均功率因数高于 0.85 时，减收电费率（m_2），具体增收（m_1）和减收（m_2）见《力率调整电费办法》有关规定。

用户装设静电电容器后，静电电容器的有功功率损失电费为

$$b_4 = qQ_{k3}xTZ \qquad (2-20)$$

式中　q——静电电容器的有功功率损失率，kW/kvar。

用户为提高功率因数装设静电电容器的年费用为

$$AC_{m3} = B_3 \frac{i(1+i)^n}{(1+i)^n - 1} + C_{m3} \qquad (2-21)$$

$$C_{m3} = pk_{k3}Q_{k3} + qQ_{k3}TZ$$

式中　p——静电电容器的折旧维护率；

　　　　q——静电电容器有功功率损失率。

若用户装设静电电容器的年费用 AC_{m3}，等于或小于由于装设静电电容器而少向电业局少交的电费 b_3，则经济，即 $b_3 > B_3 \dfrac{i(1+i)^n}{(1+i)^n - 1} + pk_{k3}Q_{k3} + qQ_{k3}TZ$。

（二）用户低压侧装设静电电容器最佳容量的确定

静电电容器可集中装在用户变电站内，也可分散装在主要车间的低压侧。分散装设时静电电容器台数多，但容量小，投资造价高。比较起来，分散装设静电电容器投资造价要多投资为

$$B_4 = K_{kH}Q_{kH} \qquad (2-22)$$

式中　K_{kH}——单台电压、容量不同的静电电容器，每千乏造价差，元/kvar;

　　　　Q_{kH}——装在低压侧静电电容器的容量，kvar。

此时由于低压配电网上少输送的无功功率为 Q_H-Q_{kH}，使配电网减少的电能损失费用为

$$b_5=[(2Q_HQ_{kH}-Q_{kH}{}^2)/1000U^2]RZT-0.0008Q_{kH}ZT \qquad (2-23)$$

式中　Q——低压侧无功负荷，kvar;

　　　　U——低压电网的电压，kV;

　　　　R——低压电网的等值电阻，Ω;

Z 和 T 的意义同式（2-18）。

若用户低压侧分散装设静电电容器后的年费用，小于装设后使低压配电网所减少的电能损失费 b_5，则经济，即 $b_5>B_4\dfrac{i(1+i)^n}{(1+i)^n-1}+p*k_{kH*}Q_{kH}+0.0032Q_{kH}$ TZ，式中 p、T、Z 等意义与式（2-20）相同。

文献［8］指出，大用户装设静电电容器，将功率因数提高到 $0.95\sim0.99$，投资一般可在 $1\sim2$ 年内的少交电费中收回。同样，在电业局的变电站中装设静电电容器，向分散用户供无功负荷，按《力率调整电费办法》规定多收电费，其投资也能在 $1\sim2$ 年内收回。此时，通过在变电站装设的无功功率自动调整装置，根据电力系统功率因数变化，随时投入或切除静电电容器，不仅能保持输电线路上较高的功率因数，还能起到系统调压的效果。

五、工厂矿山的调相调压计算小结

（一）工厂矿山的调相计算

工厂矿山的无功负荷，由自己装设静电电容器就地补偿，可省去电网各级电压输电线路和各级电压变压器因输送无功功率引起的有功功率损失。又根据《力率调整电费办法》，工厂矿山自己装设静电电容器供给自己所需的全部无功负荷是经济的（参见本章第四节"电力系统装设与工厂用户装设静电电容器的经济比较"）。

工厂矿山变电站用电表记装在变电站高压侧，所记载的为工厂用电有功负荷和无功负荷。工厂的无功功率负荷，包含工厂用电设备所需用的无功功率负荷、工厂各级电压输电线路上的无功功率损耗、工厂各级电压变压器的无功功率损耗。每日上午 10 时许工厂用电的无功负荷最大为 Q_A，夜间 2 时左右工厂用电的无功负荷最小为 Q_B。

为供工厂最小无功负荷 Q_B 而装设的静电电容器，可装在电动机旁，或装在 380V 的配电间内，具体地点由经济技术比较确定。$Q_A-Q_B=\Delta Q$，为工厂无功负荷的峰谷差，为供 ΔQ 而装设的静电电容器，一般应装在工厂总变电站内，以便根据调相的需要进行投切。调相计算就是确定变电站内静电电

容器的装设、投切静电电容器的总容量ΔQ，以及分组静电电容器的容量和组数。每组静电电容器容量不宜大于主变压器容量的8%，以防投切时引起电压波动大。

几年前，工厂矿山变电站装设的静电电容器，不随着负荷变化而投切，小负荷运行方式工厂多余无功功率送向电力系统，不仅使系统电压升高，也使工厂电压升高超过允许值。工厂矿山的调相设备装设的经济技术比较，详见本节的论述，而调相计算可参见第三章第三节。

（二）工厂矿山的调压计算

工厂矿山的变压器应选用降压变压器，而工厂矿山的调压计算与 110（66）kV 降压变电站调压计算完全相同，故工厂矿山的调压计算，可参见本书第三章第三节。

第三章
各级电压电网的变电站的调相
调压计算

【提要】　各级电压的变电站，既从系统接受有功负荷又接受无功负荷。一般变电站通过 1 回以上输电线路从系统受电，或通过 1 回以上输电线路从远方电厂受电，再以 1 回以上输电线路与系统连接。

变电站的调相计算，分大负荷运行方式和小负荷运行方式两种。大负荷运行方式下，变电站从系统接受的有功负荷和无功负荷大（主变压器满载，按带 100%负荷计算），故在输电线路上和变压器上的电压降大，变电站电压低。为保持变电站各侧电压变化不大，对 330kV 及以上电压的变电站，首先应切除变电站内的低压电抗器（或可投切的高压电抗器）后，如果变电站电压仍低，再逐渐投入静电电容器，使其电压升高达到正常标准为止。对 220kV 及以下的变电站，因变电站内不装设电抗器，大负荷方式逐渐投入静电电容器，使其电压升高达到正常标准为止。

小负荷运行方式下，变电站从系统接受的有功负荷和无功负荷小（主变压器按带 60%负荷计算），故在输电线路上和变压器上的电压降小，变电站电压高。为保持变电站各侧电压变化不大，对 330kV 及以上电压的变电站，切除静电电容器后，如果变电站电压仍高，投入变电站内的低压电抗器（或可投切的高压电抗器），使其电压达到正常标准为止。对 220kV 及以下的变电站，因变电站内不装设电抗器，小负荷方式逐渐切除静电电容器，使其电达到正常标准为止。

变电站大负荷故障方式电压最低，小负荷方式主变压器空载时电压最高。经变电站调相计算，确定出变电站各种运行方式投入与切除无功补偿设备的容量。在电网调相计算的同时，该电网的电压已经得到了改善。但主变压器供电的二次电网的电压波动，可能仍较大。为此在调相计算确定出的大负荷运行方式投入静电电容器（或切除电抗器）容量，小负荷运行方式切除静电电容器（或投入电抗器）容量基础上，再改变主变压器的变比，可调整主变压器供电的二次网电压，为找出极限，再计算出主变压器满载大负荷故障方式（此时电压低），小负荷变压器空载（此时电压高）运行方式的调相调压计算结果，从计算中找出二次网电压波动最小的主变压器变比。

调压计算的目的：确定主变压器是选择普通变压器，还是选择有载（带负荷）调压变压器；确定主变压器的变比以及变电站应装设的无功补偿容量和可投切容量。

第一节　500kV 变电站的调相调压计算❶

一、2007 年辽阳地区电力系统情况

辽阳市位于辽东半岛城市群的中部，是一座历史悠久的文化古城，也是新兴的现代石化轻纺工业基地。现辖辽阳县、灯塔市（县级市）和白塔、文圣、宏伟、太子河、弓长岭五区。辽阳市自然位置优越，市境东南部位于千山山脉西麓低山丘陵地带；东北部位于龙岗山脉尾部丘陵地带；西部位于下辽河平原东侧边缘地带，约占全境一半以上地区。

辽阳地区电网位于辽宁电网的中部地区，是连接辽西、辽南、辽宁中部电网的枢纽。供电范围涵盖辽阳市、灯塔市、辽阳县以及鞍钢和辽河油田的部分负荷，供电面积 4731km²。辽阳电网北经 500kV 沙辽甲乙线、220kV 辽成线、浑迎线、辽孙甲乙线与沈阳电网相联；经过 220kV 李灯线与抚顺电网相联；东经 500kV 徐辽线、220kV 北弓线、草首线与本溪电网相联；南部经 500kV 辽鞍甲乙线（2008 年初投运）、220kV 鞍刘甲乙线、辽城线、辽前甲乙线、辽樱甲乙线与鞍山电网相联；西经 500kV 董辽甲乙线与锦州电网相联；500kV 徐王线、220kV 草前线、鞍新线在辽阳境内经过。辽阳 500kV 电网是辽中 500kV 电网结构的一部分，地区 220kV 电网以辽阳 500kV 变电站为中心，形成辐射状电网结构，并与其他地区的 220kV 电网并列运行。

辽阳地区现有 500kV 变电站 1 座（容量 2250MVA），共有 500kV 送电线路 6 条，线路长度 302.9km。辽阳地区共有 220kV 变电站 7 座，变电容量 1890MVA，220kV 送电线路 22 条，线路长度 478.5km。辽阳地区共有 66kV 变电站 112 座（容量 2749.5MVA），66kV 送电线路 113 条，线路长度 1696km。

---

❶ 本节介绍的调相调压计算内容均基于 2007 年辽阳地区电力系统情况。

截至 2007 年年底，辽阳地区共有地方及企业自备电厂 9 座，6MW 以上电厂装机容量 425.2MW，发电量 23.1991 亿 kWh，发电最高负荷 426MW。

2007 年辽阳电网示意图如图 3-1 所示。

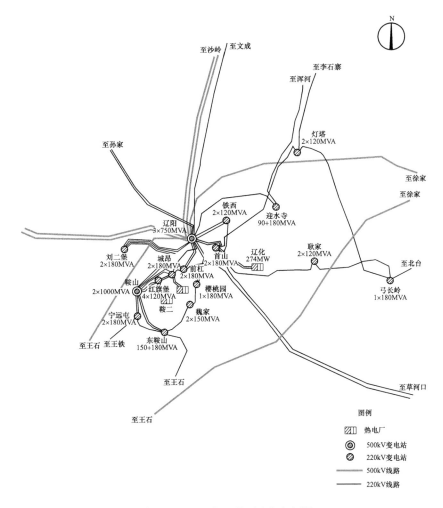

图 3-1　2007 年辽阳电网示意图

二、500kV 辽阳二变电站接入系统方案

根据 500kV 辽阳二变电站的站址位置，以及周边电网现状并结合电网规划，对 500kV 辽阳二变电站的接网方案进行经济技术比较后，确定为：将500kV 徐辽线和徐长线均 π 入 500kV 辽阳二变电站，其中徐长线 π 接段选择LGJ-400×4 导线，线路同塔双回架设的长度 17.3km，单回路 2.2km；徐辽线π 接段徐家侧采用 LGJ-300×4 导线，线路长度 3.1km，辽阳侧 π 接段采用

LGJ-630×4 导线，同塔双回架设挂单线，线路长度 5.4km。新建一回从 500kV 辽阳二变电站—长岭变电站的送电线路，线路采用 LGJ-630×4 导线，线路长度 85.9km，如图 3-2 所示。

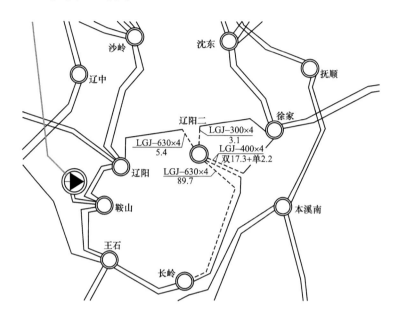

图 3-2　辽阳二变电站接网方案图

三、无功补偿配置

根据《国家电网公司电力系统无功补偿配置技术原则》：500kV 电压等级超高压输电线路的充电功率应按照就地补偿的原则采用高、低压并联电抗器基本予以补偿。

由于本工程线路均比较短，经过工频过电压计算、潜供电流计算，对高压电抗器的配置没有特殊要求，因此，考虑运行的灵活性，本次新增的 500kV 线路的充电功率采用低压并联电抗器的方式予以补偿。

本工程无功补偿装置配置方案如下：在辽阳二变电站主变压器低压侧装设 2×60Mvar 低压并联电抗器，总计新增低压并联电抗器 120Mvar。远期在阜新方向的线路上预留一组高压并联电抗器的位置。

同时，为了保证辽阳地区的供电质量，使在大负荷方式下辽阳二变电站的 220kV 母线电压可维持在 230kV 左右，本工程在辽阳二变电站主变压器低压侧装设 4×60Mvar 低压并联电容器，总计新增低压并联电容器 240Mvar。具体计算情况详见调相调压计算。

四、调相调压计算

根据 SD325—1989《电力系统电压和无功电力技术导则》中的规定：发电厂和变电站 500kV 母线正常运行方式时，最高运行电压不得超过系统额定电压的 110%。

对辽阳二变电站主变压器变比选择 525/230/66 方式的冬大和冬小情况进行调相计算，在冬小方式下，500kV 辽阳变电站和 500kV 辽阳二变电站不投低压电容器和低压电抗器；冬大方式下，辽阳变电站投入 135Mvar 低压电容器，辽阳二变电站投入 240Mvar 低电压电容器，调相计算结果见表 3-1。

表 3-1　　　推荐方案的调相调压计算结果（变比为 525/230/66）

项目	变电站母线	冬 大 方 式				冬 小 方 式			
		正常	断至辽阳变电站线路	断至徐家一回线路	断至长岭一回线路	正常	断至辽阳变电站线路	断至徐家一回线路	断至长岭一回线路
运行电压（kV）	辽阳二500kV 侧	524.1	523.5	522.7	523.1	524.2	523.7	522.8	523.3
	辽阳二220kV 侧	228.6	228.3	228.2	228.3	227.2	226.9	226.7	226.8
	辽阳500kV 侧	523.3	522.3	522.5	522.5	523.6	522.6	522.8	522.8
	辽阳220kV 侧	227.4	227.0	227.0	227.0	226.9	226.6	226.5	226.6
电压偏差	辽阳二500kV 侧	4.82%	4.70%	4.54%	4.62%	4.84%	4.74%	4.56%	4.66%
	辽阳二220kV 侧	3.91%	3.77%	3.73%	3.77%	3.27%	3.14%	3.05%	3.09%
	辽阳500kV 侧	4.66%	4.46%	4.50%	4.50%	4.72%	4.52%	4.56%	4.56%
	辽阳220kV 侧	3.36%	3.18%	3.18%	3.18%	3.14%	3.00%	2.95%	3.00%

由调相计算结果表 3-1 知，辽阳二变电站 220kV 侧电压偏差为 3.91%～3.05%，电压波动为 0.86%，满足规程要求。

在调相计算投切无功补偿容量设备条件下，改变辽阳二变电站变压器变比，进行调压计算，即：将辽阳二变电站主变压器的变比选择 525/224/66、525/230/66、525/236/66 时，调压计算结果列入表 3-2 内。

表 3-2　　　　　　　　　　　**500kV 辽阳二变电站调相调压计算**

主变压器变比	辽阳二变电站母线		冬 大 方 式				冬 小 方 式			
			正常	断至辽阳变电站线路	断至徐家一回线路	断至长岭一回线路	正常	断至辽阳变电站线路	断至徐家一回线路	断至长岭一回线路
525/236/66	500kV侧	电压（kV）	522.6	521.6	521.1	521.5	522.9	521.8	521.3	521.8
		偏差	4.52%	4.32%	4.22%	4.30%	4.58%	4.36%	4.26%	4.36%
	220kV侧	电压（kV）	230.8	230.4	230.3	230.3	229.4	229.0	228.9	229.0
		偏差	4.91%	4.77%	4.68%	4.68%	4.27%	4.09%	4.05%	4.09%
525/230/66	500kV侧	电压（kV）	524.1	523.5	522.7	523.1	524.2	523.7	522.8	523.3
		偏差	4.82%	4.70%	4.54%	4.62%	4.84%	4.74%	4.56%	4.66%
	220kV侧	电压（kV）	228.6	228.3	228.2	228.3	227.2	226.9	226.7	226.8
		偏差	3.91%	3.77%	3.73%	3.77%	3.27%	3.14%	3.05%	3.09%
525/224/66	500kV侧	电压（kV）	525.5	525.4	524.3	524.7	525.5	525.4	524.3	524.8
		偏差	5.10%	5.08%	4.86%	4.94%	5.10%	5.08%	4.86%	4.96%
	220kV侧	电压（kV）	226.4	226.2	226.0	226.1	224.8	224.6	224.4	224.5
		偏差	2.91%	2.82%	2.73%	2.77%	2.18%	2.09%	2.00%	2.05%

注　对表 3-2 进行分析知：变压器变比变化引起高压侧电压变化、电压偏差变化，但电压波动变化不大。

当辽阳二变电站主变压器的变比选择在 525/236/66 时、在大负荷和小负荷运行方式下 220kV 侧电压偏差为 4.05%～4.91%，电压波动（电压偏差的差值）为 0.86%；当辽阳二变电站主变压器的变比选择在 525/230/66kV 时，220kV 侧电压偏差为 3.09%～3.919%，电压波动（电压偏差的差值）为 0.82%；当辽阳二变电站主变压器的变比选择在 525/224/66 时，220kV 侧电压偏差为 2.05%～2.91%，电压波动（电压偏差的差值）为 0.86%；经过分析认为，主变压器变比选择 $525/230^{+3}_{-1} \times 2.5\%/66$ 时，电压偏差、电压波动最小，故选用 $525/230^{+3}_{-1} \times 2.5\%/66$ kV。

辽阳二变电站主变压器抽头为 525/230/66，主变压器空载小负荷运行方式下，不仅系统电压高而且变压器电压降也小；主变压器满载（投入 240Mvar

电容器）系统故障方式，不仅系统电压低而且变压器电压降也大，计算出变压器各侧电压偏差及电压波动计算结果见表 3-3。

表 3-3　主变压器变比为 525/230/66，主变压器空载与满载电压值的计算结果

序号	500kV 主变压器各侧电压 U_1		主变压器空载时（小负荷运行方式）	主变压器满载时（大负荷运行方式）	断至徐家一回线	空载与满载故障方式之差
1	500kV 侧	电压（kV）	527.0	509.3	506.0	21
		偏差	5.4%	1.86%	1.2%	4.2%
2	220kV 侧	电压（kV）	229.9	220.2	219.1	10.8
		偏差	4.5%	0.1%	−0.41%	4.91%
3	66kV 侧	电压（kV）	69.0	69.2	68.9	0.1
		偏差	4.54%	4.85%	4.39%	0.15%

由表 3-3 知，变压器各侧电压波动（电压偏差的差值），500kV 侧为 4.2%，220kV 侧为 4.91%，66kV 侧为 0.15%，说明辽阳二变电站各电压侧不仅电压偏差不大，而且电压波动也不大，可选用普通变压器。

经过综合分析认为，辽阳二地区电源较少，辽阳地区 220kV 电网的无功电压支撑不足，辽阳二变电站主变压器变比宜选择 $525/230^{+3}_{-1} \times 2.5\%/66$。

第二节　220kV 变电站的调相调压计算

一、西山地区电网情况

本工程研究的大连市甘井子区的西山地区，目前由 220kV 革镇堡变电站的 66kV 革辛线、220kV 凌水变电站的 66kV 水王线以及 220k 大连变电站的 66kV 连锦线供电，可见西山地区处于几个 220kV 变电站的 66kV 供电区的末端。

计划建设的 220kV 西山变电站供电区域内 66kV 变电站有 4 座，即 66kV 红旗变电站（31.5＋40MVA）、辛寨子变电站（2×40MVA）、锦绣变电站（2×40MVA）、砬子山变电站（1×40MVA），合计变电容量 271.5MVA，目前最大负荷约 74.7MW。

西山及周边地区 66kV 电网示意图见图 3-3。

二、接入系统方案

根据大连地区 220kV 电网现状,结合大连市区电网总体规划的 220kV 目标网架，以及几个方案的经济技术比较，确定西山变电站本期接入系统方案：

本期新建西山 220kV 变电站考虑 π 接 220kV 南水甲线上。本方案中新建同塔双回架空线路（LGJ-300×2 导线）6.16km。西山变电站 220kV 采用单母线接线，66kV 母线采用双母线接线，西山 220kV 变电站接入系统方案，如图 3-4 所示。

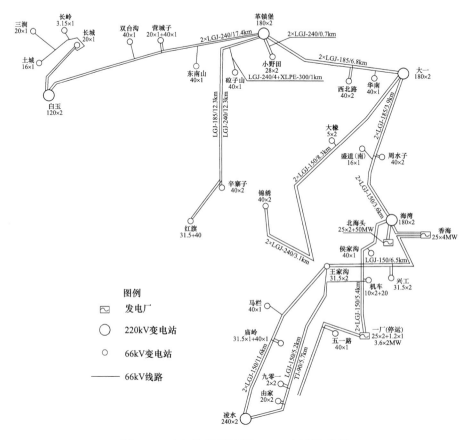

图 3-3　西山及周围地区 66kV 电网示意图

三、无功补偿及调相调压计算

（一）无功补偿计算

根据 Q/GDW 212—2008《电力系统无功补偿配置技术原则》中 6.1 条规定：220kV 变电站的容性无功功率补偿以补偿主变压器无功功率损耗为主，适当补偿部分线路及兼顾负荷侧的无功功率损耗。容性无功补偿设备容量应按主变压器容量的 15%～25%确定。

进行无功补偿计算时，西山变电站 66kV 侧负荷功率因数暂取为 0.9，补偿后变电站 220kV 侧功率因数为 0.95~0.98。考虑到西山地区近几年负荷增长较快，为满足 220kV 侧功率因数及电压质量要求，经计算西山变电站 66kV 侧需安装 2 组 20Mvar 电容器。远期无功负荷有可能进一步增加，考虑安装 2 组 36Mvar 容量的成套电容器无功补偿装置。

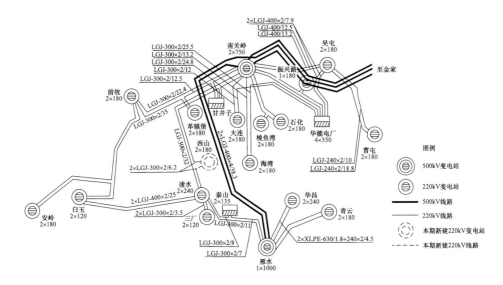

图 3-4 西山 220kV 变电站接入系统方案

电容器投切对各变电站母线电压影响计算详见表 3-4。

表 3-4 无功补偿调相计算结果表 kV

项 目	冬大正常	冬大正常（投电容器）	断南甘（投电容器）	断甘西（投电容器）	断西水（投电容器）	断南水乙线（投电容器）	南关岭 1 台主变压器故障
西山 220kV 侧	221.6	222.4	222.4	221	223.9	221.9	222
西山 66kV 侧	65.5	67.2	67.2	66.7	67.7	67	67.1
凌水 220kV 侧	220.8	221.7	221.7	220.9	221.1	220.9	221.4
甘井子 220kV 侧	224.6	223.7	223.6	223.6	223.8	223.6	223.1
南关岭 220kV 侧	225	223.9	223.9	223.7	223.9	223.9	223.2

注 南甘指南关岭—甘井子；甘西指甘井子—西山；西水指西山—凌水；南水指南关岭—凌水线。

由表 3-4 可知，西山变电站安装 2 组 20Mvar 电容器后，在大负荷或故障方式投入电容器，小负荷时切除部分电容器，西山变电站 220kV 侧电压在 221~223.9 间变化，西山变电站 66kV 侧电压在 65.5~67.2kV 间变化，其他各变电站 220kV 侧电压变化均满足要求。

（二）调相调压计算

1. 调相计算

计算水平年为 2011 年，大连地区综合最小负荷率为 60%。把变压器变比固定为 220/69，按大负荷运行方式时把本变电站内电容器全部投入，小负荷运行方式时将电容器全部切除进行调相计算，计算结果见表 3-5。

表 3-5　　　　　　　　调 相 计 算 结 果 表

项目	大负荷运行方式		小负荷运行方式
	切除全部无功补偿设备	投入 2 组 20Mvar 电容器	切除全部无功补偿设备
220kV 侧电压（kV）	221.6	222.4	229.4
220kV 侧电压偏差	0.73%	1.09%	4.27%
66kV 侧电压（kV）	65.5	67.2	68.2
66kV 侧电压偏差	−0.76%	1.82%	3.33%
220kV 侧功率因数	0.88	0.95	0.95

为使大负荷正常运行方式下西山 220kV 变电站 220kV 侧功率因数达到 0.95 及以上，经计算，投入 2 组 20Mvar 电容器时，220kV 侧电压为 222.4kV，电压偏差为 1.09%；66kV 侧电压为 67.2kV 运行，电压偏差为 1.82%。因此，建议本期西山变电站安装 2 组 20Mvar 电容器。

2. 调压计算

在调相计算结果确定的大负荷投入、小负荷切除 20Mvar 无功补偿设备容量的基础上，改变变压器的变比，各种变比时变压器各侧电压的计算结果见表 3-6。

表 3-6　　　　　　　　调 压 计 算 结 果 表

主变压器变比	母线电压		大负荷方式			小负荷方式		
			正常	断西水线	断甘西线	正常	断西水线	断甘西线
231/69	西山变电站 220kV 侧	电压（kV）	222.39	221.79	221	229.4	228.3	228.6
		偏差	1.09%	0.81%	0.45%	4.27%	3.77%	3.91%
	西山变电站 66kV 侧	电压（kV）	63.1	61.7	62.6	63.2	64.6	64.9
		偏差	−4.39%	−6.5%	−5.15%	−4.24%	−2.12%	−1.67
225.5/69	西山变电站 220kV 侧	电压（kV）	222.39	221.79	221	229.4	228.3	228.6
		偏差	1.09%	0.81%	0.45%	4.27%	3.77%	3.91%

续表

主变压器变比	母线电压		大负荷方式			小负荷方式		
			正常	断西水线	断甘西线	正常	断西水线	断甘西线
225.5/69	西山变电站66kV侧	电压（kV）	66.1	64.3	65.6	67.1	66.4	67.4
		偏差	0.15%	−2.58%	−0.61%	1.67%	0.6%	2.12%
220/69	西山变电站220kV侧	电压（kV）	222.39	221.8	221	229.4	228.3	228.6
		偏差	1.09%	0.82%	0.45%	4.27%	3.77%	3.91%
	西山变电站66kV侧	电压（kV）	67.2	65.5	66.7	68.2	67.8	68
		偏差	1.82%	−0.76%	1.06%	3.33%	2.73%	3.03%

经计算，正常运行方式西山 220kV 变电站 220kV 侧电压在 222.39～229.4kV 运行，电压波动 7.01kV；66kV 侧电压在 63.1～68.2kV 运行，电压波动 5.1kV。

3. 变压器型式选择

在调相计算基础上进行调压计算，选取表 3-6 中各种运行方式电压偏差最小的主变压器变比（例如 225.5/69），计算主变压器空载小负荷运行方式，此时系统电压高、变压器的电压降也小，故变压器的二次侧电压高；再计算主变压器满载大负荷故障运行方式（无功补偿设备按表 3-5 计算值），此时系统电压低、变压器的电压降也大，故变压器的二次侧电压低，把计算出变压器各电压侧的电压列入表 3-7 内。

表 3-7　　主变压器变比为 225.5/69 满载与空（轻）载调压计算

序号	220kV 主变压器各侧电压 U_1		主变压器空载时（小负荷运行方式）	主变压器满载时（大负荷运行方式）	空载与满载之差
1	220kV 侧	电压（kV）	229.8	219.3	10.5
		偏差	4.45%	−0.318%	4.77%
2	66kV 侧	电压（kV）	69.3	63.3	6
		偏差	5%	−4.09%	9.09%

对表 3-7 进行分析知：西山 220kV 变电站 220kV 侧电压偏差的差值为 4.77%；66kV 侧电压偏差的差值为 9.09%。说明经过调相，西山 220kV 变

电站一次和二次电压波动基本上都在规程规定范围内，可以选用普通变压器。但大连地区 220kV 变压器均为有载调压变压器，考虑到当负荷增长本变电站增容时，本变电站此次装设的变压器还要调换到别处变电站，为满足互相调换后运行的需要，应选用有载调压变压器；考虑到今后系统运行对运行电压变化（波动）要求的提高，采用有载调压变压器可带负荷调节电压（能够自动调整电压），可使变压器二次侧电压在各种运行方式都能保持不变。基于上述理由，推荐西山 220kV 变电站 220kV 变压器采用有载调压变压器。

第三节　110（66）kV 变电站的调相调压计算[1]

一、2007 年旅顺地区电网情况

旅顺口地区电网位于大连地区南部，是东北电网的最南端，地区目前仅有 1 座 220kV 白玉变电站，变电站内装设 220/66/10kV 的 120MVA 变压器 2 台。白玉变电站经 220kV 南白线及 220kV 革玉线与 220kV 南革线构成的三角形环网，由 500kV 南关岭变电站供电。220kV 三厂变电站经 66kV 水旅线和 66kV 水岛、龙岛、坞龙、旅坞线与 66kV 旅顺变电站连接后，再经 66kV 白旅左线与 220kV 白玉变电站联络。

目前旅顺口区尚未形成 66kV 环网，而是由 220kV 白玉变电站以放射状 66kV 双回线或单回线路（66kV 白长线、66kV 白双线、66kV 白方线和 66kV 白旅线）向旅顺口区供电。旅顺口区现有 66kV 变电站 11 座，变压器 15 台，66kV 变压器总容量 310.15MVA。66kV 输电线路 18 条，66kV 输电线路总长 215.822km。

2007 年旅顺口区最大负荷 102.8MW，全年供电量 71494MWh。由于地区没有电厂，其电力全部由 220kV 白玉变电站从 500kV 南关岭变电站受电。2007 年旅顺地区 66kV 电网现况图如图 3-5 所示。

拟建的 66kV 和平变电站位于旅顺开发区曹家沟，在拟建和平变电站附近现有 66kV 方家变电站［（40＋31.5）MVA，31.5MVA 主变压器备用］和铁山变电站（20＋16）MVA 2 座；66kV 线路 2 回：即 66kV 白方左右线，现为同塔双回 LGJ-240 导线线路。系统正常运行方式下，66kV 白方右线向方家变电站的 40MVA 主变压器供电，最大负荷约 28MW 左右，白方左线在方家变电站 31.5MVA 主变压器侧开口运行，并作为 66kV 铁山变电站的主供电源，最大负荷约 21.6MW 左右。66kV 旅铁线在铁山变电站侧开口备用。

---

　❶　本节调相调压计算内容均基于 2007 年旅顺地区电网情况。

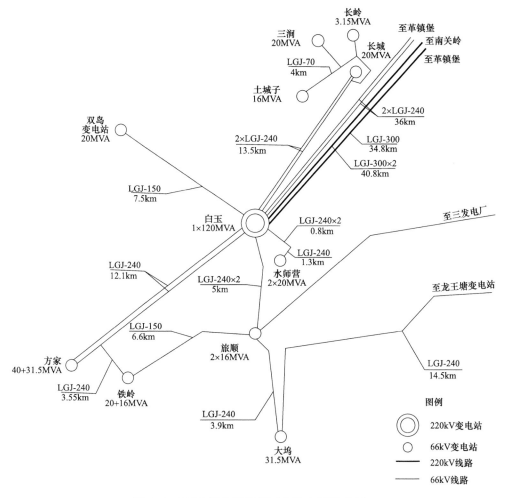

图 3-5 2007 年旅顺地区 66kV 电网示意图

二、接网方案

从电网现状、地理位置以及电网近期建设项目综合经济技术比较，拟定 66kV 和平变电站接网方案为：T 接在 66kV 白方线上。

目前 66kV 白方线为同塔双回 LGJ-240 导线线路，其单回经济输送容量为 31.5MVA（经济电流密度为 1.15），最大输送容量为 69.7MVA。系统正常运行方式下，66kV 白方右线为方家变电站的 40MVA 主变压器供电，最大负荷约 28MW 左右，白方左线在方家变电站 31.5MVA 主变压器侧开口运行，并作为 66kV 铁山变电站的主供电源，最大负荷约 21.6MW 左右，66kV 旅铁线在铁山变电站侧开口备用。本期拟将新建的 66kV 和平变电站双 T 接在 66kV 白方线上，近期变电站负荷不大情况下，可满足输送要求。远期需根据电网建设情况，对地区 66kV 电网进行整理。根据现场调查，本工程 T 接段后段受部队通信条件制约，需采用电缆敷设方式。本期新建同塔双回 LGJ-240/40 导线线路，挂双回线 1.9km，新建双回 YJLW02＋03-50/66-1×300 电缆，亘长 2.5km。和平变电站 66kV 母线采用线路变压器组接线，10kV 母线采用单母线分段接线。接网方案详见图 3-6。

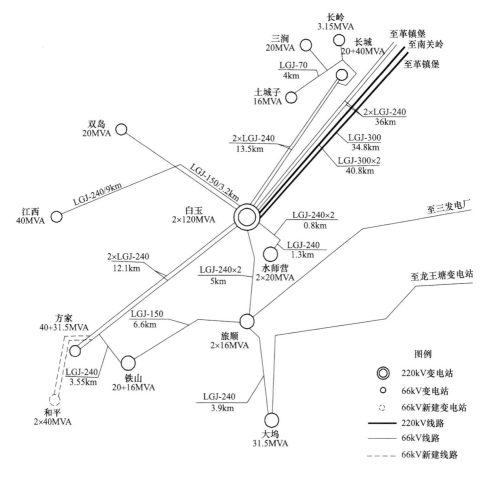

图 3-6　接网方案图

三、接网方案调相调压计算

（一）调相计算

先把变压器变比固定在 66/10.5kV，再按大负荷运行方式时把本变电站内的 2Mvar 电容器全部投入，小负荷运行方式时将电容器全部切除进行调相计算，调相计算结果见表 3-8。

表 3-8   调相计算结果表

项目	大负荷运行方式		小负荷运行方式
	切除一切无功补偿设备	投入 2Mvar 电容器	切除一切无功补偿设备
66kV 侧电压（kV）	64.8	64.84	65.87
电压偏差	−1.8%	−1.76%	−0.2%
10.5kV 侧电压（kV）	10.2	10.23	10.43
电压偏差	−2.86%	−2.57%	−0.67%
66kV 侧功率因数	0.88	0.95	0.95

（二）调压计算

按调相计算结果确定的投入或切除无功补偿设备容量基础上，改变变压器的变比，把各种变比时变压器各侧电压的计算结果列入表 3-9 内。

表 3-9   调相计算结果表

主变压器变比	母线电压		正常冬大方式	正常冬小方式
70.95/10.5	和平变电站 66kV 侧	电压（kV）	64.84	65.87
		偏差	−1.76%	−0.2%
	和平变电站 10.5kV 侧	电压（kV）	9.98	10.17
		偏差	−4.95%	−3.14%
69.3/10.5	和平变电站 66kV 侧	电压（kV）	64.84	65.87
		偏差	−1.76%	−0.2%
	和平变电站 10.5kV 侧	电压（kV）	10.23	10.43
		偏差	−2.57%	−0.67%
66/10.5	和平变电站 66kV 侧	电压（kV）	64.84	65.87
		偏差	−1.76%	−0.2%
	和平变电站 10.5kV 侧	电压（kV）	10.74	10.95
		偏差	2.29%	4.29%
64.35/10.5	和平变电站 66kV 侧	电压（kV）	64.84	65.87
		偏差	−1.76%	−0.2%
	和平变电站 10.5kV 侧	电压（kV）	11	11.21
		偏差	4.76%	6.76%

对调压计算结果表 3-9 进行分析可知：

（1）变电站冬大、冬小运行方式各电压侧的电压偏差最大值在−4.95%～6.76%间变化，都在规程规定范围内。

（2）随着变压器变比由 64.35%/10.5 向 70.95%/10.5 增加，变压器低压侧电压偏差在增加，但都在允许范围内。

（3）当变压器变比固定不变，冬大冬小运行方式变压器高压侧电压偏差之差为 1.56%，低压偏电压偏差之差为 1.81%～2%，在允许范围内。

（三）变压器型式选择

在调相调压计算基础上，选取表 3-9 中各种运行方式电压偏差最小的主变压器变比（例如 66/10.5），计算主变压器空载小负荷运行方式，此时系统电压高、变压器的电压降也小，故变压器的二次侧电压高；再计算主变压器满载大负荷故障运行方式（无功补偿设备按表 3-8 计算值），此时系统电压低、变压器的电压降也大，故变压器的二次侧电压低，把计算出变压器各电压侧的电压列入表 3-10 内。

表 3-10　　　　　主变压器变比为 66/10.5 满载与空（轻）载调压计算

序号	66kV 主变压器各侧电压 U_1		主变压器空载时（小负荷运行方式）	主变压器满载时（大负荷运行方式）	空载与满载方式之差
1	66kV 侧	电压（kV）	65.9	64.5	1.5
		偏差	−0.15%	−2.27%	2.27%
2	10.5kV 侧	电压（kV）	10.5	10.1	0.4
		偏差	0	-3.8%	3.8%

对表 3-10 进行分析知：变压器各侧电压偏差及电压波动都在允许范围内，故变压器可选用普通变压器。但大连地区 66kV 变压器均为有载调压变压器，首先考虑到当负荷增长本变电站增容时，本变电站此次装设的变压器还要调换到别处变电站，为满足互相调换后运行的需要，应选用有载调压变压器；其次考虑到今后系统运行对运行电压变化（波动）要求的提高，采用有载调压变压器可带负荷调节电压（能够自动调整电压），可使变压器二次侧电压在各种运行方式都能保持不变。基于上述理由，推荐本变电站 66kV 变压器采用有载调压变压器。

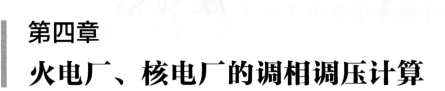

第四章
火电厂、核电厂的调相调压计算

【提要】 各种发电厂（火电厂、核电站）既发有功功率又发无功功率，一般发电厂通过 1 回以上输电线路向系统送电。

发电厂的调相计算，分大负荷运行方式和小负荷运行方式两种。大负荷运行方式下，发电厂向系统输送的有功功率和无功功率大（各种电厂出力按 100%计算），故在输电线路上和变压器上的电压降大，受端变电站电压低。为保持发电厂和与系统相连接变电站各侧电压变化不大，对接入 330kV 及以上电压的发电厂，首先应切除发电厂和与系统相连接变电站内的低压电抗器（或可投切的高压电抗器），如果变电站电压仍低，再增加发电厂内发电机组的励磁，让发电机多发无功功率，使发电厂和与系统相连接变电站内的电压升高达到正常标准为止。对接入 220kV 及以下电压的发电厂，因发电厂内不装设电抗器，大负荷方式增加发电机组的励磁，让发电机多发无功功率，使发电厂和与系统相连接变电站内的电压升高达到正常标准为止。

小负荷运行方式下，发电厂向系统输送的有功功率和无功功率小（火电厂出力按 60%计算，核电站按 80%～90%计算），故在输电线路上和变压器上的电压降小，受端变电站电压高。为保持发电厂和与系统相连接的变电站各侧电压变化不大，对接入 330kV 及以上电压的发电厂，应投入发电厂与系统相连接的变电站内的低压电抗器（或可投切的高压电抗器），如果变电站电压仍高，再减少发电机组的励磁，让发电厂少发无功功率，使发电厂和与系统连接的变电站各侧电压达到正常标准为止。对接入 220kV 及以下电压的发电厂，小负荷方式减少发电机组的励磁，让发电机少发无功功率，使发电厂和与系统连接的变电站各侧电达到正常标准为止。

当发电厂与系统联接的输电线路较长，因小负荷运行方式发电机少发无功功率，甚至消耗输电线路的部分充电无功功率，为找出极限，再计算出大负荷运行方式电厂满发正常方式（此时电压低），小负荷运行方式发电机出力为零（此时电压高）运行方式的调相调压计算结果（相当于发电机出力由 0 至 100%）。

调相调压计算地目的是确定主变压器的变比,和计算出对发电机进相（进相 0.97～0.95）运行的要求。

第一节　大型火电厂或大型核电厂接入 500kV 电网的调相调压计算❶

一、2004 年朝阳地区电网情况

500kV 元董双回线从朝阳市的西北向东南经过朝阳市，目前朝阳尚无 500kV 变电站。朝阳电网通过 220kV 宁建线与赤峰电网相连，通过 220kV 龙州线与锦州地区相连，通过 220kV 龙南沙线和 220kV 建绥线与葫芦岛地区相连。

朝阳地区以朝阳电厂为中心，以放射状 220kV 线向北票、龙城、建平、凌源、建昌 5 座 220kV 变电站供电，朝阳地区电力系统现状地理位置接线如图 4-1 所示。

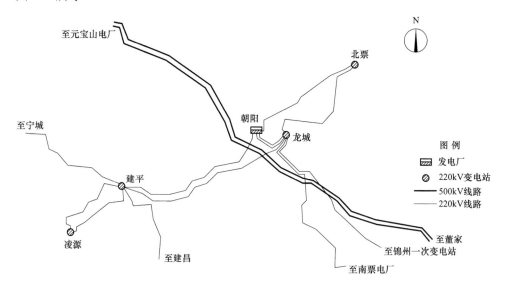

图 4-1　2004 年朝阳地区电力系统示意图

朝阳地区现有 4 座 220kV 变电站，总变电容量 1140MVA。朝阳地区电

---

❶　本节调相调压计算内容均基于 2004 年朝阳地区电网情况。

网以朝阳电厂为中心，呈放射状向地区各 220kV 变电站供电。

目前，朝阳地区现有装机容量为 6 MW 以上的发电厂 9 座装机总容量 535.6MW。

二、电厂接入系统方案

燕山湖电厂两台 600MW 每台机经 500/20kV 的 720MVA 变压器升至 500kV 后，以发电机—变压器—线路组接入朝阳 500kV 变电站的 500kV 母线上如图 4-2 所示。

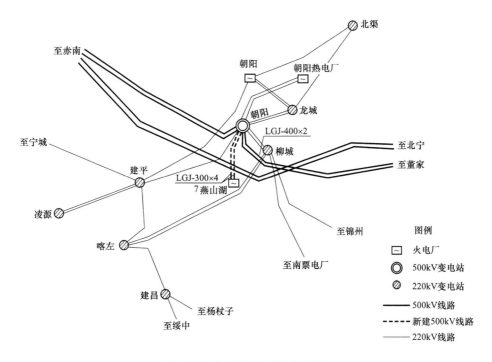

图 4-2 电厂接入系统方案图

三、调相调压计算

（一）调相计算

（1）高、低压电抗器的装设。根据 Q/GDW 212—2008《国家电网公司电力系统无功补偿配置技术原则》：500kV 电压等级超高压输电线路的充电功率应按照就地补偿的原则采用高、低压并联电抗器基本予以补偿。

本工程新增 500kV 线路约 2×7km，每千米线路充电无功功率按 1.15Mvar/km 考虑，本工程新增线路充电功率约为 2×8.05Mvar。经工频过电压计算、潜供电流计算，本工程对高压电抗器的配置无特殊要求，其无功补偿考虑在朝阳 500kV 变电站装设低压电抗器予以补偿。由于朝阳 500kV 变电站低压侧装设低压电抗器 1×60Mvar，低压电容器 2×60Mvar。由于本工程新增容抗分配到朝阳 500kV 变电站为 8.05Mvar 较小，本次朝阳 500kV 变电站可不装设低压电抗器。同理燕山湖电厂也不考虑装设电抗器予以补偿。

（2）低压电容器装设。朝阳 500kV 变电站低压侧装设低压电容器 2×60Mvar，故本工程新增无功功率为 16.1Mvar，分配到朝阳 500kV 变电站为 8.05Mvar，输电线上无功功率损失数量很小，故朝阳 500kV 变电站不考虑配置低压电容予以补偿。燕山湖电厂能发无功功率，不考虑装设电容器。

（3）调相计算。根据 SD 325—1989《电力系统电压和无功电力技术导则》中的规定：发电厂和变电站 500kV 母线正常运行方式时，最高运行电压不得超过系统额定电压的 10%。

由于燕山湖电厂接入系统的 500kV 线路仅 7km，充电无功功率小，故不用考虑装设高压电抗器调相，电厂调相调压计算可虑在朝阳 500kV 变电站低压侧投切低压无功补偿装置。

在 500kV 燕山湖电厂主变压器变比为 536/20 情况下，大负荷方式朝阳 500kV 变电站投入 2×60Mvar 电容器、小负荷方式切除 2×60Mvar 电容器时的调相调压计算结果和大负荷方式朝阳 500kV 变电站投入 1×60Mvar 电容器、小负荷方式切除 1×60Mvar 电器时的调相调压计算结果见表 4-1。

表 4-1　　　　　　　　　　500kV 机组调压计算

项目		大负荷投 2×60Mvar 低压电容器、小负荷切除 2×60Mvar 电容器				大负荷投 1×60Mvar 低压电容器、小负荷荷切除 1×60Mvar 电容器			
		冬大方式		冬小方式		冬大方式		冬小方式	
	运行方式	正常	断朝董一回线	正常	断朝董一回线	正常	断朝董一回线	正常	断朝董一回线
潮流	机组出力（MW）	1200＋j270.2	1200＋j290.4	720＋j130.4	720＋j142.4	1200＋j305.2	12000＋j321.2	720＋j130.4	720＋j142.4
	燕朝线（MW）	1139.2＋j60.3	1139.2＋j63.8	659.2＋j35.6	659.2＋j46.4	1139.2＋j16.8	1139.2＋j47.6	659.2＋j35.6	659.2＋j46.4
	朝董双回线（MW）	1019.7－j128.0	818.9-j70.0	1138－j12.4	927－j34.9	1018.4－j120.0	817.7－j64.1	1138－j12.4	927－j34.9
电压（kV）	机端	20	20	20	20	20	20	20	20
	电厂500kV	529.9	528.3	530.0	529.1	529.0	527.3	530.0	529.1

续表

项目		大负荷投 2×60Mvar 低压电容器、 小负荷切除 2×60Mvar 电容器				大负荷投 1×60Mvar 低压电容器、小 负荷荷切除 1×60Mvar 电容器			
		冬大方式		冬小方式		冬大方式		冬小方式	
电压 （kV）	朝阳 500kV	529.6	527.9	529.9	528.9	528.8	527.1	529.9	528.9
	董家 500kV	524.2	520.8	524.5	521.7	523.9	520.6	524.5	521.7
	北宁 500kV	523.4	521.0	524.9	522.9	523.3	520.9	524.9	522.9
电压 偏差	电厂 500kV	5.98%	5.66%	6.00%	5.82%	5.80%	5.46%	6.00%	5.82%
	朝阳 500kV	5.92%	5.58%	5.98%	5.78%	5.76%	5.42%	5.98%	5.78%
	董家 500kV	4.84%	4.16%	4.90%	4.34%	4.78%	4.12%	4.90%	4.34%
燕山湖电厂变比		536/20				536/20			

由表 4-1 可知，当燕山湖电厂主变压器变比为 536/20 时，当朝阳 500kV 变电站投切 1×60Mvar 电容器时，燕山湖电厂 500kV 母线最高电压为 530kV，电压偏差为 6.00%；最低运行电压为 527.3kV，电压偏差为 5.46%，满足规程要求。在燕山湖电厂发电机机端电压保持在 20kV 时，机组功率因数在 0.966～0.981 之间。当朝阳 500kV 变电站投切 2×60Mvar 电容器时，燕山湖电厂 500kV 母线最高电压为 530kV，电压偏差为 6%，最低运行电压为 528.3kV，电压偏差为 5.66%，满足规程要求。在燕山湖电厂发电机机端电压保持在 20kV 时，机组功率因数为 0.972～0.981。

对两种调相方案进行比较知，冬大方式下投切 1×60Mvar 电容器时，燕山湖电厂正常运行方式电压偏差 5.80%，比投切 2×60 Mvar 电容器时的电压偏低；但投切 1×60Mvar 电容器时发电机功率因数为 0.969，电厂发电机无功功率多发，而投切 2×60Mvar 电容器发电机功率因数为 0.976，电厂发电机无功功率不能多发，受到限制，故推荐采用投切 1×60Mvar 电容器的调相方案。

经过上述计算可知，朝阳 500kV 变电站低压侧投切 1 组 1×60Mvar 电容器即可满足各种运行方式下的需求。对朝阳 500kV 变电站低压侧投切 1 组 1×60Mvar 电容器的情况下，选取冬大方式进一步校验燕山湖电厂的调压计算列入表 4-2 中。

表 4-2　　朝阳 500kV 变电站投入 1×60Mvar 电容器，冬大方式
燕山湖电厂 500kV 机组调压计算

项目		冬大方式					
	运行方式	正常	断朝董一回线	正常	断朝董一回线	正常	断朝董一回线
潮流（MVA）	机组出力	1200+j465.8	1200+j474	1200+j305.2	1200+j321.2	1200+j194.6	1200+j205.0
	燕朝线	1139.2+j244.6	1139.2+j259.8	1139.2+j16.8	1139.2+j47.6	1139.2−j1.6	1139.2+j8.4
	朝董线	1137.7+j19.4	919.4+j39.9	1018.4−j120.0	817.7−j64.1	967.8−j182.3	798.8−j83.6
电压（kV）	机端	20	20	20	20	20	20
	电厂500kV	531.2	530.6	529.0	527.3	526.7	524.1
	朝阳500kV	530.8	530.2	528.8	527.1	526.4	523.8
	董家500kV	525.1	522.3	523.9	520.6	521.5	518.7
	北宁500kV	525.3	523.5	523.3	520.9	521.0	519.7
电压偏差	电厂500kV	6.24%	6.12%	5.80%	5.46%	5.34%	4.82%
	朝阳500kV	6.16%	6.04%	5.76%	5.42%	5.28%	4.76%
	董家500kV	5.02%	4.46%	4.78%	4.12%	4.30%	3.74%
	北宁500kV	5.06%	4.70%	4.66%	4.18%	4.20%	3.94%
机组功率因数		0.932	0.930	0.969	0.966	0.987	0.986
燕山湖电厂变比		550/20		536/20		523/20	

同样，对电厂选取冬小方式切除 1×60Mvar 电容器的调压计算结果，列入表 4-3 中。

表 4-3　　　　　　　　500kV 机组调压计算

项目		冬小方式					
	运行方式	正常	断朝董一回线	正常	断朝董一回线	正常	断朝董一回线
潮流（MVA）	机组出力	720+j270.6	720+j281.2	720+j130.4	720+j142.4	720+j27.3	720+j53.1

续表

项目		冬小方式					
潮流（MVA）	燕朝线	659.2＋j195.8	569.6＋j204.6	659.2＋j35.6	659.2＋j46.4	569.6－j54.5	569.6－j28.2
	朝董线	1167.0－j46.6	935.7＋j3.2	1138－j12.4	927－j34.9	967.8－j182.3	798.8－j83.6
电压（kV）	机端	20	20	20	20	20	20
	电厂 500kV	533.3	533.3	530.0	529.1	527.6	526.2
	朝阳 500kV	532.9	533.0	529.9	528.9	527.4	525.9
	董家 500kV	528.8	527.0	524.5	521.7	521.7	519.0
	北宁 500kV	530.4	529.2	524.9	522.9	521.2	519.9
电压偏差	电厂 500kV	6.66%	6.66%	6.00%	5.82%	5.52%	5.24%
	朝阳 500kV	6.58%	6.6%	5.98%	5.78%	5.48%	5.18%
	董家 500kV	5.76%	5.4%	4.90%	4.34%	4.34%	3.80%
	北宁 500kV	6.08%	5.84%	4.98%	4.58%	4.24%	3.98%
机组功率因数		0.936	0.931	0.984	0.981	0.999	0.997
燕山湖电厂变比		550/20		536/20		523/20	

对表 4-2 和表 4-3 进行分析知，燕山湖电厂主变压器变比由 550/20 向下调，发电机无功功率在下降，变比为 523/20 时发电机无功功率最小，故变比 523/20 经常不用。变比为 536/20 时电压偏差小，发电机的无功功率也能根据需要发出，故正常运行采用 536/20 的变比。

（二）变压器的选型

在调相调压计算基础上，选取各种运行方式电压偏差最小的主变压器变比（536/20kV），计算主变压器接近空载小负荷运行方式、主变压器满载大负荷运行方式的电压，将计算出主变压器各种电压侧的电压列入表 4-4，根据计算结果判断所选变压器变比能否适应运行要求，变压器可否选用普通变压器。

表 4-4　　　大负荷方式满载与小负荷方式空（轻）载调压计算

项目	主变压器接近空载小负荷运行方式	主变压器满载大负荷故障运行方式
电厂接入系统朝阳 500kV 变电站 500kV 侧电压（kV）	532.7	527.1
朝阳 500kV 变电站电压偏差	6.5%	5.42%
电厂 500kV 侧电压（kV）	533.5	527.3
电压偏差	6.7%	5.46%
主变压器变比	536/20	536/20

续表

项目	主变压器接近空载小负荷 运行方式	主变压器满载大负荷故障 运行方式
机组功率因数	0.0748	0.966
发电机出力（MVA）	10＋j133.2	1200＋j321.2
发电机端电压（kV）	20	20

大负荷故障方式系统电压最低，主变压器满载变压器压降大，此时电压最低，电压偏差为 6.7%；小负荷方式系统电压高，主变压器接近空载变压器压降小，此时电压最高，电压偏差为 5.46%；两者电压波动最大，最高与最低电压差值为系统额定电压的 1.24%。由于电压波动小，可采用普通变压器。

因燕山湖电厂500kV 送电线仅 7km，充电功率小，不考虑在进相运行方面对发电机功率因数提出要求。

第二节　中型火电厂接入 220kV 电网的调相调压计算❶

一、2009 年松原地区电力系统情况

松原地区电网位于吉林省西北部，是吉林省的西北部末端电网。目前松原电网东部形成以 500kV 松原变电站、长山热电厂为支撑点，松原变电站—长山变电站—长山热电厂—大安变电站—松原变电站 220kV 环状结构的松原市电网；西部形成以500kV 甜水变电站为支撑点，甜水变电站—乔嘉变电站—白城变电站—洮南变电站—甜水变电站 220kV 环状结构的白城市电网。东西部电网通过 500kV 甜松甲乙线、220kV 热白线、大镇线相连。松原电网经500kV 合松甲乙线、220kV 热扶五线、松前农线及松德线与吉林省主网相连。松原地区南部仅有 π 接在通辽宝龙山变电站—长春西郊变电站 220kV 线路上的长岭变电站，而扶余县、通榆县目前还没有 220kV 变电站，仍靠 66kV电网供电。

截至 2009 年底，松原地区电网总装机容量为 1832.43MW。其中，发电公司所属火电厂 2 座，装机容量230MW；地方及企业自备电站 2 座，装机容量 171MW；风力发电厂 14 座，装机容量 1427.51MW。地区电源中，以220kV 电压等级接入系统的装机容量为 1095.9MW，以 66kV 电压等级接入系统的装机容量为 331.61MW。截至 2010 年 1 月，松原地区电网现有 500kV变电站 2 座，分别是松原变电站、甜水变电站，松原变电站现有 1 台主变压

---

❶ 本节调相调压计算内容均基于 2009 年松原地区电力系统情况。

器，变电容量 750MVA；甜水变电站现有 2 台主变压器，变电容量 2000MVA。松原地区电网已投运的 220kV 变电站有 10 座，220kV 变压器 16 台，总变电容量 1803MVA。2009 年松原地区最大负荷为 886MW，全社会用电量 66×10^8kWh。2009 年松原地区 220kV 及以上电网示意图详见图 4-3。

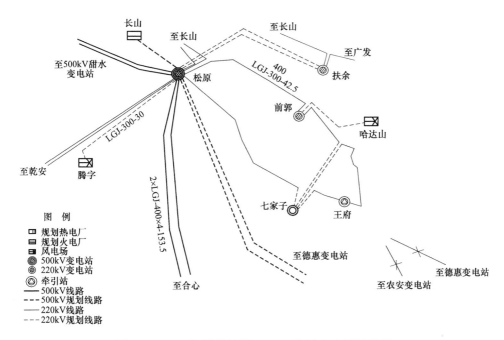

图 4-3　2009 年松原地区 220kV 及以上电网示意图

二、松原热电厂接入 220kV 系统方案分析

根据前述松原电网现状及接入系统外部条件分析，经过经济技术比较确定本工程接入系统方案如下。

松原热电厂以 220kV 同塔双回 LGJ-400×2 线路接入 500kV 松原变电站 220kV 侧，新建同塔双回线路长度约 36km。松原热电厂接入 220kV 系统方案见图 4-4。

三、调相调压计算

（一）调相计算

由于松原热电厂以 36km 的 220kV 同塔双回 LGJ-400×2 线路接入 500kV 松原变电站 220kV 侧，输电线路充电无功功率分配到松原热电厂为 $36 \times 0.19 = 6.84$Mvar，由于充电无功功率很小，可不考虑装设电抗器予以补偿。松原热电厂主变压器和送出线路上的无功功率损耗，可由松原热电厂发电机所发无功功率予以补偿，故可不装设电容器进行补偿。

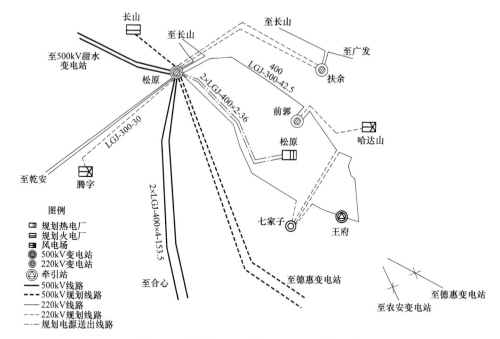

图 4-4　松原热电厂接入 220kV 系统方案

（二）调压计算

根据本工程的推荐联网方案，结合前述潮流计算结果，以 2013 年为计算水平年，正常方式采用冬大和冬小方式；松原地区电网 220kV 变电站补偿后一次侧功率因数按 0.95 考虑。由于电厂接入系统送电线路充电无功功率较小，可直接进行调压计算。

按照上述计算前提，进行调相调压计算及电厂升压变压器抽头选择。本次设计分别对主变压器抽头选择为 242/20 和 236/20 两种方式进行调压调相计算，计算结果如表 4-5 所示。由表 4-5 知，各种变比、各种运行方式电压偏差在允许范围内，发电机的无功功率都能发出来。

表 4-5　　　　　　　　　　　主变压器调压调相计算

变压器变比	运行方式	电厂 220kV 侧电压及偏差		松原变电站 220kV 侧电压（kV）	发电机端电压（kV）	机组功率因数
		电压（kV）	偏差			
242/20	大负荷方式	235.53	7.04%	235.02	20	0.969
	小负荷方式	238.74	8.5%	237.54	20	0.973
236/20	大负荷方式	232.82	5.82%	232.54	20	0.988
	小负荷方式	235.12	6.86%	233.82	20	0.991

各种变比时调压计算结果见表 4-6。对表 4-6 进行分析可知：本工程变压器选择为 242±2×2.5%/20，在大负荷方式，变压器抽头在 0.95～1.05 之间变化时，电厂 220kV 母线电压为 229.91～240.53kV，功率因数为 0.909～0.999，最大电压偏差为 9.31%。冬小运行方式下，变压器变比在 0.95～1.05 之间变化时，电厂电压为 233.29～241.6kV，功率因数为 0.913～1 之间，最大电压偏差为 9.81%，电压偏差均满足规程规定要求，功率因数在合理范围以内；本工程变压器选择为 236±2×2.5%/20，在大负荷方式，变压器抽头在 0.95～1.05 之间变化时，电厂 220kV 母线电压为 227.03～238kV，功率因数为 −0.999～0.943，最大电压偏差为 8.18%。冬小运行方式下，变压器变比在 0.95～1.05 之间变化时，电厂电压为 229.5～241.14kV，功率因数为 −0.998～0.947，最大电压偏差为 9.59%，电压偏差均满足规程规定要求，功率因数在合理范围以内。随着变压器变比向下调，发电机无功功率在减少，即发电机无功功率发不出。

表 4-6　　　　　　　**正常运行方式下调相调压计算结果表**

主变压器抽头为 242/20					
项目	变压器不同变比的电压（kV）	电厂 220kV 侧电压及偏差		松原变电站 220kV 侧电压（kV）	发电机端电压（kV）	机组功率因数
		电压（kV）	偏差			
冬大方式	254.1	240.53	9.31%	239.6	20	0.909
	248.05	238.08	8.18%	237.35	20	0.942
	242	235.53	7.04%	235.02	20	0.969
	235.95	232.78	5.81%	232.49	20	0.989
	229.9	229.91	4.5%	229.86	20	0.999
冬小方式	254.1	241.60	9.81%	240.40	20	0.913
	248.05	241.22	9.63%	240.02	20	0.946
	242	238.74	8.5%	237.54	20	0.973
	235.95	236.08	7.27%	234.88	20	0.991
	229.9	233.29	6.04%	232.09	20	1.000
主变压器抽头为 236/ 20					
项目	变压器不同变比的电压（kV）	电厂 220kV 侧电压偏差及偏差		松原变电站 220kV 侧电压（kV）	发电机端电压（kV）	机组功率因数
		电压（kV）	偏差			
冬大方式	247.8	238	8.18%	237.28	20	0.943
	241.9	235.48	7.04%	234.98	20	0.969
	236	232.82	5.82%	232.54	20	0.988

续表

主变压器压器抽头为 236/ 20					
项目	变压器不同变比的电压（kV）	电厂 220kV 侧电压偏差及偏差		松原变电站 220kV 侧电压（kV）	发电机端电压（kV）	机组功率因数
		电压（kV）	偏差			
冬大方式	230.1	230.01	4.54%	229.95	20	0.999
	224.2	227.03	3.18%	227.22	20	−0.999
冬小方式	247.8	241.14	9.59%	239.84	20	0.947
	241.9	237.7	8.05%	236.4	20	0.973
	236	235.12	6.86%	233.82	20	0.991
	230.1	232.39	5.63%	231.09	20	0.999
	224.2	229.5	4.32%	228.2	20	−0.998

将电厂送出线发生 $N-1$ 故障时，调压计算结果列入表 4-7 内。

由 $N-1$ 故障运行方式调压计算结果表 4-7 可知，本工程变压器选择为 $242\pm2\times2.5\%/20$，在大负荷方式，变压器抽头在 0.95～1.05 之间变化时，电厂 220kV 母线电压在 229.79～240.9kV 之间，功率因数在 0.93～0.998 之间，最大电压偏差为 9.5%。冬小运行方式下，变压器变比在 0.95～1.05 之间变化时，电厂电压在 231.19～241.7kV 之间，功率因数在 −0.99～0.94 之间，最大电压偏差为 9.86%，电压偏差均满足规程规定要求，功率因数在合理范围以内。

表 4-7 　　　　　　　$N-1$ 断线运行方式下调相调压计算结果表

主变压器抽头为 242/20					
项目	变压器不同变比的电压（kV）	电厂 220kV 侧电压及偏差		松原变电站 220kV 侧电压（kV）	发电机端电压（kV）	机组功率因数
		电压（kV）	偏差			
冬大方式	254.1	240.9	9.5%	240.49	20	0.930
	248.05	239.64	8.93%	239.02	20	0.956
	242	236.52	7.5%	236.08	20	0.976
	235.95	233.21	6%	232.96	20	0.991
	229.9	229.79	4.45%	229.73	20	0.998
冬小方式	254.1	241.70	9.86%	240.90	20	0.940
	248.05	240.74	9.42%	239.84	20	0.976
	242	237.82	8.1%	236.62	20	0.991
	235.95	234.21	6.45%	233.11	20	1.000
	229.9	231.19	5.09%	230.19	20	−0.990

（三）变压器型式的选择

在调相调压计算基础上，选取各种运行方式电压偏差最小的主变压器变比（242/20），计算主变压器接近空载小负荷运行方式、主变压器满载大负荷运行方式的电压，将计算出主变压器各种电压侧的电压列入表 4-8 内，所选变压器变比能否适应运行要求，变压器可否选用普通变压器。

表 4-8　　　大负荷方式满载与小负荷方式空（轻）载调压计算

项目	主变压器接近空载小负荷运行方式	主变压器满载大负荷故障运行方式
松原 500kV 变电站 220kV 侧电压（kV）	233.4	231.5
系统 220kV 变电站电压偏差	6.12%	5.2%
电厂 220kV 侧电压（kV）	234.6	232.1
电厂 220kV 侧电压偏差	6.6%	5.5%
主变压器变比	242/20	242/20
机组功率因数	0.007	0.9587
发电机出力（MVA）	0.2+j28	300+j89
发电机端电压（kV）	20	20

大负荷故障方式系统电压最低，主变压器满载变压器压降大，此时电压最低；小负荷方式系统电压高，主变压器接近空载变压器压降小，此时电压最高；两者电压波动最大，计算结果分别为额定电压的 5.5% 和 6.6%。由于电压波动为 1.1%，电压波动小可采用普通变压器。

综合以上分析，考虑到本工程距离系统主网较近，电厂 220kV 母线电压一般在 230～240kV 之间，当采用 242/20 分接头时，电厂正常及故障运行方式下功率因数更合理，因此建议本工程机组升压变压器选择普通变压器，变比选择为 242±2×2.5%/20。考虑系统运行方式的多变性，要求本工程机组应具备高功率因数和进相运行条件，发电机额定功率因数宜选择为 0.85（滞后），发电机应具备进相 0.95（超前）运行的能力。

第三节　小型火电厂接入 110（66）kV 电网的调相调压计算[1]

一、2004 年大连开发区电力系统情况及存在问题

位于大连城区北、金州区南的开发区电网，西起西山小区，东到金石滩

---

[1] 本节调相调压计算内容均基于 2004 年大连开发区电力系统情况。

度假区，南到大弧山乡，北临金州区，供电区域约 180km²。经过 20 多年的开发建设，2004 年开发区用电负荷为 352MW。开发区负荷主要分布在 220kV 中华路变电站供电的金窑铁路以北，高城山以西的建成区、保税区；220kV 高城山变电站供电的高城山以东的东部工业园、双 D 港、金石滩区；220kV 曹屯变电站供电的金窑路以南的海青岛区。

2004 年开发区现有 3 座 220kV 变电站（中华路、曹屯和高城山），变电总容量 780MVA，66kV 变电站 19 座，66kV 变电总容量为 1184.15MVA，其中用户变电站 8 座，变电总容量为 372.15MVA。

大连开发区 220kV 电网形成了以 220kV 吴屯变电站、中华路变电站和曹屯变电站为支撑点的三角形单环网，并经 220kV 吴屯变电站与系统相连。220kV 中华路变电站主要向金窑铁路以北开发区、保税区、双 D 港、金石滩区域及赵屯供电，220kV 曹屯变电站主要向金窑铁路以南的海青岛区域供电，区内 66kV 电网多呈放射状结构。

开发区现有热电厂 1 座，装机容量为 124MW，以 66kV 接入 66kV 开发区变电站。2004 年开发区 66kV 电网地理接线图如图 4-5 所示。

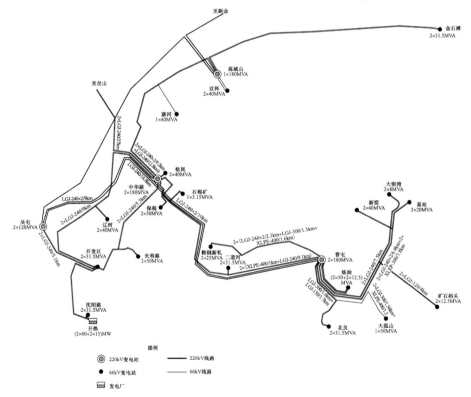

图 4-5　2004 年开发区 66kV 电网地理接线图

二、开发区第三热电厂接入系统方案

从 220kV 曹屯变电站出 2 回 66kV 线把开发区第三热电厂接入，第三热电厂 66kV 母线采用单母线分段接线。

从 220kV 曹屯变电站出 2 回 66kV 的新建架空线长 10.8km，把开发区第三热电厂接入 220kV 曹屯变电站。新建 66kV 架空线部分采用同塔双回 LGJ-300×2 线路，新建线路的最大输送容量为 157.6MVA，经济输送容量为 78.8MVA，可满足本期工程正常经济运行条件和事故条件下可靠性要求。

待 220kV 大弧山变电站投入，可将开发电第三热电厂至 220kV 曹屯变电站的双回 66kV 线 π 入 220kV 大弧山变电站，变成开发区第三热电厂直接接入 220kV 大弧山变电站，π 接线成为 220kV 曹屯变电站与 220kV 大弧山变电站的联络线。开发区第三热电厂接入系统方案如图 4-6 所示。

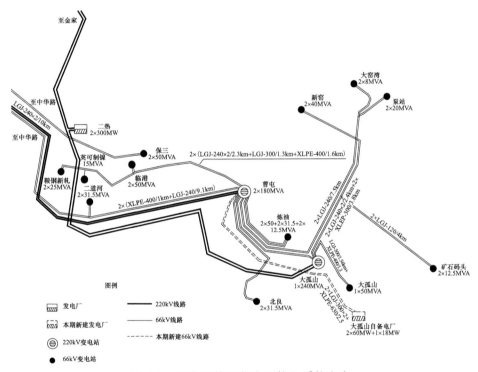

图 4-6　开发区第三热电厂接入系统方案

三、推荐方案的调相调压计算

（一）调相计算

由于开发区第三热电厂以新建 10.8km 的 66kV 同塔双回 LGJ-300×2 线路接入 220kV 曹屯变电站 66kV 侧，输电线路充电无功功率分配到热电厂为 10.8×0.01＝0.108Mvar，由于充电无功功率很小，可不考虑装设电抗器予以补偿。热电厂主变压器和送出线路上的无功功率损耗，可由热电厂发电机所发无功功率予以补偿，故可不装设电容器。

（二）调压计算

调相计算先按大负荷时发电机满出力，小负荷时发电机出力为 60%，在变压器变比固定，电厂各侧电压变化及发电机出口功率因数计算结果见表 4-9。

表 4-9　　　　　　　　　　调 相 计 算 结 果 表

项目	大负荷方式		小负荷方式	
	正常	断线	正常	断线
系统 220kV 变电站 66kV 侧电压（kV）	66.44	66.02	68.25	68.05
系统 220kV 变电站 66kV 侧电压偏差	0.67%	0.03%	3.41%	3.11%
电厂 66kV 侧电压（kV）	67.10	67.2	68.52	68.53
电厂 66kV 侧电压偏差	1.67%	1.82%	3.82%	3.83%
主变压器变比	69/10.5			
机组功率因数	0.94（0.8805）	0.9432（0.8890）	0.9721（0.96）	0.9725（0.9607）
发电机出力（MVA）	126+j46.77	126+j45.35	75.6+j18.43	75.6+j18.28
发电机端电压（kV）	10.5	10.5	10.5	10.5

注　括号内的为 6MW 机组数据。

由表 4-9 知，在变压器变比和发电机出口电压固定情况下，发电机在各种运行方式、各种出力时，高压侧电压偏差和电压波动都在规程规定范围内。

在调相计算基础上进行调压计算，即改变变压器变比，计算各种运行方式时各侧电压及电压偏差，发电机功率因数在各种变比时变化计算结果见表 4-10。

表 4-10　　　　　　　调 压 计 算 结 果 表　（正常方式）

项目	大负荷方式				小负荷方式			
系统 220kV 变电站 66kV 侧电压（kV）	68	67.22	66.44	65.67	69.77	69.01	68.25	67.5
系统 220kV 变电站 66kV 侧电压偏差	3.03%	1.85%	0.67%	−0.57%	5.71%	4.56%	3.41%	2.27%
电厂 66kV 侧电压（kV）	69.04	68.07	67.10	65.92	70.43	69.47	68.52	67.56

续表

项目	大负荷方式				小负荷方式			
电厂 66kV 侧电压偏差	4.6%	3.14%	1.67%	−0.12%	6.71%	5.26%	3.82%	2.36%
主变压器变比	72.45/10.5	70.725/10.5	69/10.5	67.275/10.5	72.45/10.5	70.725/10.5	69/10.5	67.275/10.5
机组功率因数	0.8786（0.7329）	0.9116（0.8083）	0.94（0.8805）	0.9732（0.9524）	0.8800（0.7311）	0.9741（0.9399）	0.9721（0.96）	0.9947（0.9999）
发电机出力（MVA）	126+j70.79	126+j58.49	126+j46.77	126+j31.69	75.6+j42.22	75.6+j30.04	75.6+j18.43	75.6+j7.41
发电机端电压（kV）	10.5	10.5	10.5	10.5	10.5	10.5	10.5	10.5

注　括号内的为 6MW 机组数据。

对表 4-10 进行分析可知：本工程变压器变比选择为 $69\pm2\times2.5\%/10.5$，在大负荷正常方式，变压器抽头在 0.95～1.05 之间变化时，电厂 66kV 母线电压为 65.92～69.04kV，最大电压偏差为 4.6%；电厂功率因数在 0.8786～0.9732 之间变化，6MW 小机组功率因数在 0.7329～0.9524 之间变化。小负荷运行方式下，变压器变比在 0.975～1.05 之间变化时，电厂 66kV 母线电压为 67.56～70.43kV，最大电压偏差为 6.71%，电压偏差均满足规程规定要求：功率因数为 0.8800～0.9947，6MW 小机组的功率因数为 0.7311～0.9999，6MW 小机组的功率因数低，是因 6MW 小机组的 7.5MVA 主变压器阻抗（$\Delta U_k=9\%$）比另外两台 60MW 机组的 75MVA 主变压器阻抗（$\Delta U_k=18\%$）低，故 6MW 机发的无功功率多，功率因数较低外，其余均在合理范围以内；随着变压器变比向下调，发电机无功功率在减少。

（三）变压器型式的选择

在调相调压计算基础上，选取表 4-10 中各种运行方式电压偏差最小的主变压器变比（69/10.5），再计算主变压器接近空载小负荷运行方式、主变压器满载大负荷故障运行方式，计算出主变压器各种电压侧的电压列入表 4-11 内。

表 4-11　大负荷方式满载与小负荷方式空（轻）载调压计算

项目	主变压器接近空载小负荷运行方式	主变压器满载大负荷故障运行方式
系统 220kV 变电站 66kV 侧电压（kV）	68.08	66.02
系统 220kV 变电站 66kV 侧电压偏差	3.15%	0.03%

项目	主变压器接近空载小负荷运行方式	主变压器满载大负荷故障运行方式
电厂 66kV 侧电压（kV）	68.20	67.2
电厂 66kV 侧电压偏差	3.33%	1.82%
主变压器变比	69/10.5	69/10.5
机组功率因数	0.0093	0.9432
发电机出力（MVA）	0.05+j5.38	126+j45.35
发电机端电压（kV）	10.5	10.5

由 $N-1$ 故障运行方式调压计算结果表 4-11 可知，本工程变压器变比选择为 $69\pm2\times2.5\%/10.5$，变压器抽头在 1 时，主变压器空载小负荷运行方式，此时不仅系统电压高、变压器的电压降小，变压器高压侧电压高，电厂 66kV 母线电压为 68.2kV；主变压器满载大负荷故障运行方式，此时系统电压低、变压器电压降大，变压器高压侧电压低，电厂 66kV 母线电压为 67.2kV；最大电压偏差分别为 3.33% 和 1.82%，为 1.1%，电压波动为 1.51%，均满足规程规定要求。发电机功率因数为 0.9432，功率因数在合理范围以内，可选用普通变压器。

综合以上分析，电厂升压变压器在 69/10.5 分接头时，电厂正常及故障运行方式下功率因数均合理，因此建议本工程机组升压变压器选择普通变压器，变比选择为 $69\pm2\times2.5\%/10.5$。考虑系统运行方式的多变性，要求本工程机组应具备高功率因数和进相运行条件，发电机额定功率因数宜选为 0.8（滞后），发电机应具备进相 0.95（超前）运行的能力。

第五章
水电站的调相调压计算

【提要】 与火电厂一样，水电站既发有功功率又发无功功率，所以水电站的调相调压计算，与火电厂的调相调压相同。参见火电厂、核电厂的调相调压计算提要。还需考虑以下问题：

（1）大型水电站都建在远离大城市用电负荷中心，水电站与电网连接的输电线路长，输电线路上的充电无功功率较多。对接入 330kV 以上电压水电站，水电站高压母线上装有电抗器，而 220kV 及以下的水电站高压母线上一般不装电抗器。当接入系统的输电线路较长时，是否装设电抗器应根据调相调压计算确定。

（2）一般水电站装机利用小时数 4500～1500h/a，随着负荷的增加电力系统调峰的需要，水电站扩建装机后装机利用小时数下降到 1500h/a，故水电站机组运行小时数为 4.1h/d，所以水电站一般带负荷尖峰，其余时间停止运行，也就是从母线上切除。一旦有 1 台机组投入运行，会发生发电机消耗无功功率（进相运行）情况，故应计算对发电机进相运行的要求。

（3）对 200MW 及以上的发电机，发电机与主变压器连接的母线，均为全链分相封闭母线，封闭母线内不装断路器，发电机与系统并车经高压断路器进行，故发电机、变压器同时接入高压母线，或从高压母线切除，增加了发电机发生进相运行的可能性。

（4）对抽水蓄能水电站，除计算大负荷发电向系统送电的调相调压外，还要计算小负荷从系统受电，即由下池向上池抽水蓄能方式的调相调压。但由于抽水蓄能水电站从系统接受有功功率，水电站送电线路充电无功功率及发电机发的无功功率送往系统，有功功率与无功功率流向相反，输电线路上的电压降较小（当抽水储能电站抽水时，水电站由受端变电站接收有功功率，水电站向外送无功功率，由本书表 2-2 中的四分裂导线，水电站侧 $\cos\varphi=0.997$ 时，水电站侧电压与变电站侧电压相等，当 $\cos\varphi<0.997$ 时，水电站侧电压

高于变电站侧电压，故调相调压问题不大（参见本章第一节相关内容）。

调相调压计算的目的，是确定主变压器的变比，以及对发电机进相（进相 0.97～0.95）运行的要求。

第一节　大型水电站、大型抽水蓄能电站接入 500kV 系统的调相调压计算❶

一、2014 年东北地区及辽宁省电力系统情况

（一）东北电力系统情况

东北电网是国家电网公司所属五大区域电网之一，供电范围包括辽宁、吉林、黑龙江和蒙东（呼伦贝尔市、兴安盟、通辽市和赤峰市）四省（区），土地面积约 126 万 km²，占全国国土面积的 13%；2014 年全区人口 1.2 亿人，约占全国总人口的 9%。

东北电网以 500kV 线路为骨干输电网架，以 220kV 线路为供电主体，由多个电压等级组成。东北电网 500kV 主网架已经覆盖东北地区的绝大部分电源基地和负荷中心；辽吉、吉黑省间 500kV 联络线均达到 4 回；蒙东通过 1 回 ±500kV 直流线路和 6 回 500kV 交流线路向辽宁送电。目前东北电网通过直流背靠背与华北电网联网；俄罗斯通过直流背靠背向黑龙江省送电。

截至 2014 年底，东北电网共有 500kV 输电线路 162 条，长度 16435km；220kV 输电线路 1490 条，长度 47720km；500kV 变电站 54 座，变压器 96 台，容量 81291MVA；220kV 变电站 519 座，变压器 1010 台，容量 135438.4MVA。

截至 2014 年底，东北电网总装机容量为 118485.6MW，其中水电装机为 7991.9MW，占比 6.75%；火电装机为 85154.8MW，占比 71.87%；核电装机为 2000MW，占比 1.69%；风电装机为 22825.9MW，占比 19.26%；太阳能装机为 452.2MW，占比 0.38%；生物质装机为 60.8MW，占比 0.05%。

2014 年东北电网总发电量 4187.70 亿 kWh，同比增长 3.14%，其中水电完成 140.88 亿 kWh，同比下降 42.57%；火电完成 3552.02 亿 kWh，同比增长 5.16%；核电完成 119.61 亿 kWh，同比增长 87.80%；风电完成 370.62 亿 kWh，同比下降 0.25%；太阳能完成 2.72 亿 kWh，同比增长 806.67%；生物质能完成 1.85 亿 kWh，同比增长 3.93%。火电机组利用小时数为 4232h，同比增长 135h。

2014 年东北电网全社会用电量完成 4003.57 亿 kWh，同比增长 2.30%。其中第一产业用电量为 92.85 亿 kWh，第二产业用电量为 2894.27 亿 kWh，第三产业用电量为 492.32 亿 kWh，城乡居民生活用电量为 524.13 亿 kWh。

---

❶　由于本工程涉及面广，所以分别列出东北和辽宁省电力系统情况。本节介绍的调相调压计算内容均基于 2014 年东北和辽宁省电力系统情况。

2014 年东北电网统调最大发电负荷为 60680MW，同比增长 2.55%，最大峰谷差 13080MW，同比增长 4.00%。2014 年东北电地区 500kV 电网地理位置接线图，如图 5-1 所示。

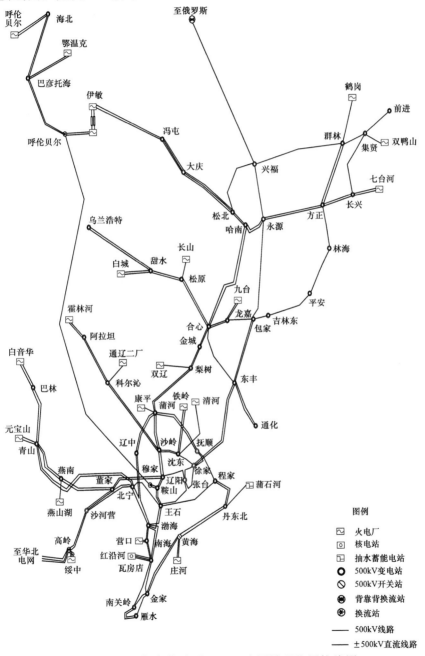

图 5-1　2014 年东北地区 500kV 电网地理位置接线图

（二）辽宁省电力系统情况

辽宁省电网位于东北电网的南端，是东北电网与华北电网的联系枢纽。根据负荷电源布局及网架结构，可分为辽西电网、辽中电网和辽南电网。其中，辽西电网包括朝阳、葫芦岛、锦州、盘锦和阜新五个地区电网；辽中电网包括沈阳、铁岭、抚顺、辽阳、鞍山、本溪和营口七个地区电网；辽南电网包括大连和丹东两个地区电网。

辽宁省电网北经 4 回 500kV 线路（蒲梨 1 号、蒲梨 2 号线、丰徐 1 号线、丰徐 2 号线）与吉林省电网相连，西部分别经 2 回 500kV 线路（科沙 1 号、科沙 2 号线）、4 回 500kV 线路（青燕 1 号线、青燕 2 号线、青北 1 号线、青北 2 号线）与内蒙古东部的通辽电网和赤峰电网相连，通过 500kV 高岭换流站与华北电网直流背靠背联网，通过 ±500kV 呼辽直流与呼伦贝尔电网实现直流联网。

截至 2014 年底，辽宁省电网共有 500kV 变电站（开关站）23 座，变电容量 41304MVA；直流换流站 2 座，换流容量 10600MVA；220kV 变电站 205 座（含 11 座开关站），变电容量 68970MVA；500kV 交流线路 83 条，总长度 7246km；220kV 交流线路 680 条，总长度为 15622km。

截至 2014 年底，辽宁省装机总容量为 41918.3MW，其中水电 2926.7MW、火电 30837.8MW、核电 2000MW、风电 6083.9MW、光伏发电 69.9MW，分别占总容量的 6.98%、73.57%、4.77%、14.51% 和 0.17%。

2014 年累计完成发电量 1617.31 亿 kWh，同比增长 2.84%；其中：水电 42.46 亿 kWh，同比下降 46.23%；火电 1351.01 亿 kWh，同比增长 1.62%；风电 103.57 亿 kWh，同比增长 3.22%；核电 119.61 亿 kWh，同比增长 87.8%；太阳能 321.5 亿 kWh。设备平均利用小时数完成 3923h，同比减少 76h。其中：火电 4414h，同比增加 63h；核电 6879h；风电 1733h，同比减少 190h。

2014 年辽宁省全社会用电量 2038.73 亿 kWh，同比增长 1.51%；全社会最大负荷为 31180MW，同比减少 0.6%；网供最大负荷 22990MW，同比增长 2.04%。

辽宁电网呈现典型的冬季高峰型负荷特性，年负荷最大值和最小值分别出现在冬季和春季，2014 年最大峰谷差 5550MW，峰谷差率 0.24。截至 2014 年底，辽宁电网装机总容量 41918MW，其中：常规水电 1727MW、抽水蓄能 1200MW、常规火电 14120MW、供热机组 16717MW、核电 2000MW、风电 6084MW、光伏 70MW，占比分别达到 4.1%、2.9%、33.7%、39.9%、4.8%、14.5% 和 0.2%。2014 年辽宁地区 500kV 电网地理位置接线示意图如图 5-2 所示。

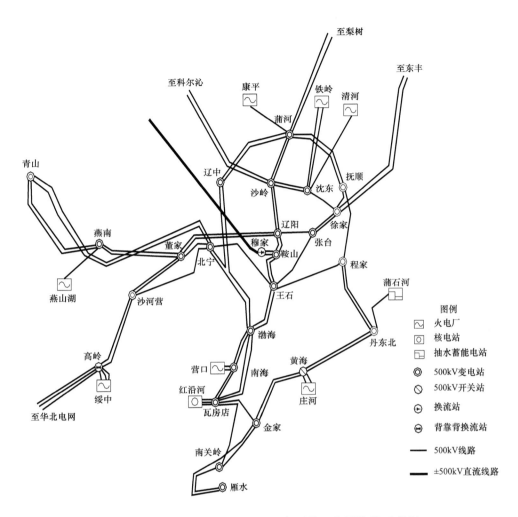

图 5-2　2014 年辽宁地区 500kV 电网地理位置接线示意图

二、电站接入系统方案

（一）拟建的电厂在电网中位置

清原抽水蓄能电站位于辽宁省抚顺市清原县北三家乡境内，距沈阳市的直线距离约 100km，距离大连市约 440km。电站拟安装 6 台单机容量为 300MW 的立轴单级混流可逆式水泵水轮机，总装机容量为 1800MW，额定发电水头 400m。电站在辽宁省"沈—抚—本—鞍"负荷中心带内。上水库位于摩离红沟沟首，有简易乡村公路与 202 国道相连，同时附近有沈吉铁路通过；下水库位于浑河右岸支流大冲沟内，北夏线县级公路自坝址通过，在北三家乡与

127

202 国道相接；沈吉高速公路经过清原县。电站距负荷中心近，地理位置优越，对外交通方便。电站建成后将承担东北电网的调峰、调频、调相、事故备用等任务，提高东北电网的风电消纳能力、供电可靠性和电网运行的经济性。电站拟年发电量和年抽水电量分别为 30.11 亿 kWh 和 40.15 亿 kWh，6台机组预计于 2025 年全部投产。

清原抽水蓄能电站靠近东北地区吉林向辽宁送电通道，且距东北地区最大负荷中心辽宁中部地区距离仅为 100km。考虑电厂位于辽宁境内，且辽宁属于东北地区的电力负荷中心和消纳中心，对电源结构的合理优化有更紧迫的需求，建议电站就近接入辽宁地区电网。

（二）电厂接入系统方案

清原抽水蓄能电站装机容量 6×300MW，考虑 500kV 线路自然输送功率约为 1000MW，1800MW 的电力如通过 1 回 500kV 线路送出，线路将长期维持较重负荷运行，电能损失及无功电压损失均较大，不能取得较好的经济效益。如通过 2 回 500kV 线路送出，最大方式下每回线路输送容量约为 900MW，保持在自然功率范围，运行经济性好。同时 1800MW 的电源或负荷对电网安全稳定运行会产生较大影响，如突然失去，势必造成一定冲击，即从电网运行稳定性角度出发，需要电站保证较高的运行可靠性，以充分发挥电站的功能和作用。综合考虑上述情况，建议本电站考虑方案通过 2 回 500kV 线路外送，接入 1 个站点的方式。

结合辽宁省电网规划并考虑清原抽水蓄能电站的可靠性送出与送出工程投资经济合理，拟由清原抽水蓄能电站 500kV 升压站新建 2 回 500kV 架空线路至 500kV 抚顺变电站。清原抽水蓄能电站接入系统方案示意图，如图 5-3所示。

三、调相调压计算

（一）调相计算

（1）高、低压电抗器的装设。根据 Q/GDW 212—2008《国家电网公司电力系统无功补偿配置技术原则》：500kV 电压等级超高压输电线路的充电功率应按照就地补偿的原则采用高、低压并联电抗器基本予以补偿。

本工程新增 500kV 线路约 2×100km，每千米线路充电无功功率按 1.15Mvar/km 考虑，本工程新增线路充电功率约为 2×115Mvar。经工频过电压计算、潜供电流计算，本工程对高压电抗器的配置无特殊要求。

考虑本工程新增线路充电功率 2×115Mvar，抚顺变电站低压侧已配置 4×60Mvar 电抗器，为保证抚顺变电站低压侧及中压侧的电能质量及无功补偿装置运行的灵活性，建议主要依靠高压电抗器补偿新增充电功率。清原抽水蓄

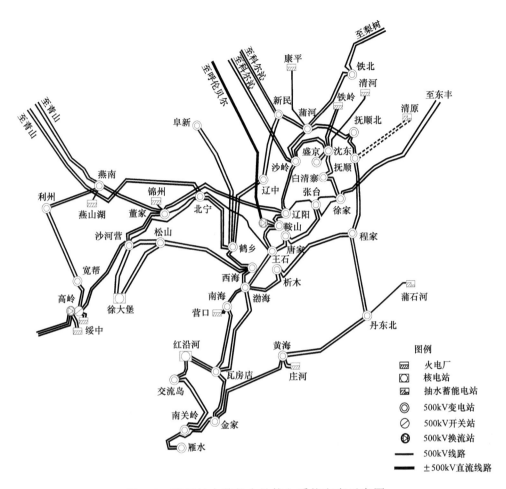

图 5-3 清原抽水蓄能电站接入系统方案示意图

能电站侧电气设备布置山洞内,布置 500kV 高压电抗器困难,故不考虑在清原抽水蓄能电站侧装设无功补偿装置。为保证清原电站接入系统后无功功率平衡,建议在抚顺变电站预留位置装设 1 组接入母线的 150Mvar 高压电抗器,同时在抚顺变电站低压侧装设 1 组 60Mvar 电抗器,将新建双回 100km 的 500kV 输电线路的 230Mvar 无功功率在抚顺变电站予以补偿。

本工程无功补偿装置配置推荐方案如下:因清原抽水蓄能电站开关场站址布置山洞内,场地不能布置高、低压电抗器,只能在 500kV 抚顺变电站预留位置装设 1 组接入母线的 150Mvar 高压电抗器,同时在抚顺变电站低压侧装设 1 组 60Mvar 电抗器,总计新增电抗器容量 210Mvar,补偿度为 91.3%。

(2)低压电容器。由于抽水蓄能电站机组具备较灵活的运行方式,通过机组调节能够保证合理的电能质量，维持电网安全稳定运行，抚顺变电站电压较高也不要新增低压电容器，故本工程不考虑配置低压电容器。

（3）投切 5×60Mvar 低压电抗器的调相计算。一般来说冬季大负荷、冬季小负荷运行方式电网的电压波动大，对水电站调相计算采用冬季大负荷、冬季小负荷方式校验能包含其他运行方式。水电站出力有 100%、50% 和 0，而运行方式有正常运行方式和两回送出线中一回故障方式。

应当说明的是，抽水储能电站小负荷运行方式不发电，一般水电站小负荷运行方式也不发电，但水电站担任事故备用，小负荷运行方式可能发电，届时水电站电压比平时要高，故应对小负荷运行方式进行调相计算。

将水电站主变压器变比为 536/18，水电站发电出力大负荷、小负荷时为 6×300MW，大负荷、小负荷时为 3×300MW 时，抚顺变电站低压电抗器大负荷（5×60Mvar）低压电抗器全切除，小负荷 5×60Mvar 低压电抗器全投入时的调相计算结果，列入表 5-1 内。

表 5-1　投切 5×60Mvar 低压电抗器（水电站 6 台机和 3 台机发电时）调相计算

运行方式			正常	断清原—抚顺 1 回线	正常	断清原—抚顺 1 回线
大负荷运行方式	潮流（MVA）	机组出力	6×（300+j34.9）	6×（300+j35.9）	3×（300+j44.1）	3×（300+j40.4）
		清原—抚顺	2×（900+j104.7）	1800+j215.6	2×（450+j66.2）	900+j121.3
	运行电压（kV）	电站 500kV 侧	535.9	535.7	533.9	534.7
		抚顺 500kV 侧	526.4	523.1	526.5	524.4
	电压偏差	电站 500kV 侧	7.18%	7.14%	6.78%	6.94%
		抚顺 500kV 侧	5.28%	4.62%	5.30%	4.88%
	机组功率因数		0.9933	0.9929	0.9894	0.9911
小负荷运行方式	潮流（MVA）	机组出力	6×（300+j20.2）	6×（300+j24.6）	3×（300+j24.7）	3×（300+j24.3）
		清原—抚顺	2×（900+j60.7）	1800+j147.3	2×（450+j37.1）	900+j73.0
	运行电压（kV）	电站 500kV 侧	539.0	538.1	538.1	538.1
		抚顺 500kV 侧	531.6	528.7	532.1	530.2
	电压偏差	电站 500kV 侧	7.80%	7.62%	7.62%	7.62%
		抚顺 500kV 侧	6.32%	5.74%	6.42%	6.04%
	机组功率因数		0.9977	0.9967	0.9966	0.9967
清原电站变比			536/18		536/18	

将水电站主变压器变比为 536/18，水电站发电出力大负荷、小负荷时为 300MW 和大负荷、小负荷为 0 时，抚顺变电站低压电抗器大负荷（5×60Mvar）低压电抗器全切除，小负荷 5×60Mvar 低压电抗器全投入时的调相计算结果，列入表 5-2 内。

表 5-2　投切 5×60Mvar 低压电抗器（水电站 1 台机发电和 1 台机空载时）调相计算

运行方式			正常	断清原-抚顺1回线	正常	断清原—抚顺1回线
大负荷运行方式	潮流（MVA）	机组出力	1×（300+j59.1）	1×（300+j58.2）	0	0
		清原—抚顺	2×（150+j29.6）	300+j58.2	2×（−j120.4）	−j119.7
	运行电压（kV）	电站 500kV 侧	530.7	530.9	527.8	526.3
		抚顺 500kV 侧	525.7	524.1	524.8	523.3
	电压偏差	电站 500kV 侧	6.14%	6.18%	5.56%	5.26%
		抚顺 500kV 侧	5.14%	4.82%	4.96%	4.66%
	机组功率因数		0.9811	0.9817	1	1
	抚顺变电站 300Mvar 低压电抗器切除					
小负荷运行方式	潮流（MVA）	机组出力	1×（300+j34.2）	1×（300+j35.3）	0	0
		清原—抚顺	2×（150+j17.1）	300+j35.3	2×（0−j123.3）	0−j122.7
	运行电压（kV）	电站 500kV 侧	536.0	535.8	534.1	532.7
		抚顺 500kV 侧	531.7	530.2	531.1	529.6
	电压偏差	电站 500kV 侧	7.20%	7.16%	6.82%	6.54%
		抚顺 500kV 侧	6.34%	6.04%	6.22%	5.92%
	机组功率因数		0.9936	0.9931	1	1
	抚顺变电站 300Mvar 低压电抗器投入					
清原电站变比			536/18		536/18	

由表 5-1 和表 5-2 可知，冬大随着水电站送出容量的增加，水电站电压在增高，即电压偏差增大，最大为 7.80%，最小为 5.26%，电压波动为 2.54%

在允许范围内。输电线路上压降标幺值，1 台机为 1%（5kV），3 台机为 1.48%（7.4kV），6 台机为 1.9%（9.5kV）。

（4）投切 4×60Mvar 低压电抗器的调相计算。水电站主变压器变比为 536/18，水电站发电出力大负荷、小负荷时为 6×300MW，及大负荷、小负荷时为 3×300MW 时，抚顺变电站低压电抗器大负荷（4×60Mvar）低压电抗器全切除，小负荷 4×60Mvar 低压电抗器全投入时的调相计算结果，见表 5-3。

表 5-3　投切 4×60Mvar 低压电抗器（水电站 6 台机和 3 台机发电时）调相计算结果

运行方式			正常	断清原—抚顺 1 回线	正常	断清原—抚顺 1 回线
大负荷运行方式	潮流（MVA）	机组出力	6×（300+j34.9）	6×（300+j35.9）	3×（300+j44.1）	3×（300+j40.4）
		清原—抚顺	2×（900+j104.7）	1800+j215.6	2×（450+j66.2）	900+j121.3
	运行电压（kV）	电站 500kV 侧	535.9	535.7	533.9	534.7
		抚顺 500kV 侧	526.4	523.1	526.5	524.4
	电压偏差	电站 500kV 侧	7.18%	7.14%	6.78%	6.94%
		抚顺 500kV 侧	5.28%	4.62%	5.30%	4.88%
	机组功率因数		0.9933	0.9929	0.9894	0.9911
小负荷运行方式	潮流（MVA）	机组出力	6×（300+j52.0）	6×（300+j48.1）	3×（300+j66.6）	3×（300+j58.7）
		清原—抚顺	2×（900+j155.9）	1800+j288.4	2×（450+j99.9）	900+j176.2
	运行电压（kV）	电站 500kV 侧	546.1	547.0	542.8	544.6
		抚顺 500kV 侧	534.2	530.8	533.8	531.7
	电压偏差	电站 500kV 侧	9.22%	9.40%	8.56%	8.92%
		抚顺 500kV 侧	6.84%	6.16%	6.76%	6.34%
	机组功率因数		0.9853	0.9874	0.9762	0.9814
清原电站变比			536/18		536/18	

水电站主变压器变比为 536/18kV，水电站发电出力大负荷、小负荷时为 300MW 和大负荷、小负荷时为 0MW 时，抚顺变电站低压电抗器大负荷（4×60Mvar）低压电抗器全切除，小负荷 4×60Mvar 低压电抗器全投入时的

调相计算结果，见表 5-4。

表 5-4　投切 4×60Mvar 低压电抗器（水电站 1 台机发电和 1 台机空载时）调相计算结果

<table>
<tr><td colspan="3" rowspan="2">运行方式</td><td>正常</td><td>断清原—抚顺
1 回线</td><td>正常</td><td>断清原—抚
顺 1 回线</td></tr>
<tr></tr>
<tr><td rowspan="7">大负荷运行方式</td><td rowspan="2">潮流
（MVA）</td><td>机组出力</td><td>1×（300＋
j59.1）</td><td>1×（300＋
j58.2）</td><td>0</td><td>0</td></tr>
<tr><td>清原—抚顺</td><td>2×（150＋
j29.6）</td><td>300＋j58.2</td><td>2×（－
j120.4）</td><td>－j119.7</td></tr>
<tr><td rowspan="2">运行电压
（kV）</td><td>电站 500kV 侧</td><td>530.7</td><td>530.9</td><td>527.8</td><td>526.3</td></tr>
<tr><td>抚顺 500kV 侧</td><td>525.7</td><td>524.1</td><td>524.8</td><td>523.3</td></tr>
<tr><td rowspan="2">电压偏差</td><td>电站 500kV 侧</td><td>6.14%</td><td>6.18%</td><td>5.56%</td><td>5.26%</td></tr>
<tr><td>抚顺 500kV 侧</td><td>5.14%</td><td>4.82%</td><td>4.96%</td><td>4.66%</td></tr>
<tr><td colspan="2">机组功率因数</td><td>0.9811</td><td>0.9817</td><td>1</td><td>1</td></tr>
<tr><td rowspan="7">小负荷运行方式</td><td rowspan="2">潮流
（MVA）</td><td>机组出力</td><td>1×（300＋
j86.9）</td><td>1×（300＋
j83.5）</td><td>0</td><td>0</td></tr>
<tr><td>清原—抚顺</td><td>2×（150＋
j43.4）</td><td>300＋j83.5</td><td>2×（0－
j123.5）</td><td>0－j122.8</td></tr>
<tr><td rowspan="2">运行电压
（kV）</td><td>电站 500kV 侧</td><td>538.2</td><td>539.0</td><td>534.4</td><td>532.9</td></tr>
<tr><td>抚顺 500kV 侧</td><td>532.6</td><td>531.1</td><td>531.4</td><td>530.0</td></tr>
<tr><td rowspan="2">电压偏差</td><td>电站 500kV 侧</td><td>7.64%</td><td>7.80%</td><td>6.88%</td><td>6.58%</td></tr>
<tr><td>抚顺 500kV 侧</td><td>6.52%</td><td>6.22%</td><td>6.28%</td><td>6.00%</td></tr>
<tr><td colspan="2">机组功率因数</td><td>0.9605</td><td>0.9634</td><td>1</td><td>1</td></tr>
<tr><td colspan="3">清原电站变比</td><td colspan="2">536/18</td><td colspan="2">536/18</td></tr>
</table>

由表 5-3 和表 5-4 可知，随着水电站送出容量的增加，水电站电压在增高，即电压偏差增大，最大为 9.4%，最小为 5.26%，电压波动为 4.14%在允许范围内。输电线路上压降标幺值，1 台机为 1%（5kV），3 台机为 1.48%（7.4kV），6 台机为 1.9%（9.5kV）。

（5）投切 3×60Mvar 低压电抗器的调相计算。水电站主变压器变比为 536/18，水电站发电出力大负荷、小负荷时为 6×300MW，及大负荷、小负荷时为 3×300MW 时，抚顺变电站低压电抗器大负荷 3×60Mvar 低压电抗器全切除，小负荷 180Mvar 低压电抗器全投入时的调相计算结果，见表 5-5。

表 5-5 投切 3×60Mvar 低压电抗器（水电站 6 台机和 3 台机发电时）调相计算结果

运行方式			正常	断清原—抚顺 1 回线	正常	断清原—抚顺 1 回线
大负荷运行方式	潮流（MVA）	机组出力	6×（300+j34.9）	6×（300+j35.9）	3×（300+j44.1）	3×（300+j40.4）
		清原—抚顺	2×（900+j104.7）	1800+j215.6	2×（450+j66.2）	900+j121.3
	运行电压（kV）	电站 500kV 侧	535.9	535.7	533.9	534.7
		抚顺 500kV 侧	526.4	523.1	526.5	524.4
	电压偏差	电站 500kV 侧	7.18%	7.14%	6.78%	6.94%
		抚顺 500kV 侧	5.28%	4.62%	5.30%	4.88%
	机组功率因数		0.9933	0.9929	0.9894	0.9911
小负荷运行方式	潮流（MVA）	机组出力	6×（300+j51.3）	6×（300+j47.5）	3×（300+j65.7）	3×（300+j58.0）
		清原—抚顺	2×（900+j153.8）	1800+j285.2	2×（450+j98.5）	900+j173.9
	运行电压（kV）	电站 500kV 侧	546.3	547.1	543.0	544.8
		抚顺 500kV 侧	534.4	531.0	534.1	532.0
	电压偏差	电站 500kV 侧	9.26%	9.42%	8.60%	8.96%
		抚顺 500kV 侧	6.88%	6.20%	6.82%	6.40%
	机组功率因数		0.9857	0.9877	0.9768	0.9818
清原电站变比			536/18		536/18	

水电站主变压器变比为 536/18kV，水电站发电出力大负荷、小负荷时为 300MW 和大负荷、小负荷时为 0MW 时，抚顺变电站低压电抗器大负荷（3×60Mvar）低压电抗器全切除，小负荷 3×60Mvar 低压电抗器全投入时的调相计算结果，见表 5-6。

表 5-6 投切 3×60Mvar 低压电抗器（水电站 1 台机发电和 1 台机空载时）调相计算结果

运行方式			正常	断清原—抚顺 1 回线	正常	断清原—抚顺 1 回线
大负荷运行方式	潮流（MVA）	机组出力	1×（300+j59.1）	1×（300+j58.2）	0	0
		清原—抚顺	2×（150+j29.6）	300+j58.2	2×（0−j120.4）	0−j119.7
	运行电压（kV）	电站 500kV 侧	530.7	530.9	527.8	526.3

运行方式			正常	断清原—抚顺1回线	正常	断清原—抚顺1回线
大负荷运行方式	运行电压（kV）	抚顺500kV侧	525.7	524.1	524.8	523.3
	电压偏差	电站500kV侧	6.14%	6.18%	5.56%	5.26%
		抚顺500kV侧	5.14%	4.82%	4.96%	4.66%
	机组功率因数		0.9811	0.9817	1	1
小负荷运行方式	潮流（MVA）	机组出力	1×（300＋j85.7）	1×（300＋j82.4）	0	0
		清原—抚顺	2×（150＋j42.9）	300＋j82.4	2×（0−j123.6）	0−j122.9
	运行电压（kV）	电站500kV侧	538.5	539.3	534.7	533.3
		抚顺500kV侧	532.9	531.4	531.7	530.3
	电压偏差	电站500kV侧	7.70%	7.86%	6.94%	6.66%
		抚顺500kV侧	6.58%	6.28%	6.34%	6.06%
	机组功率因数		0.9615	0.9643	1	1
清原电站变比			536/18		536/18	

由表 5-5 和表 5-6 可知，随着水电站送出容量的增加，水电站电压在增高，即电压偏差增大，最大为 9.42%，最小为 5.26%，电压波动为 4.16%在允许范围内。输电线路上压降标幺值，1 台机为 1%（5kV），3 台机为 1.48%（7.4kV），6 台机为 1.9%（9.5kV）。

对表 5-1～表 5-6 进行比较后知，投切 5×60Mvar 的电压偏差和电压波动（即调相效果）比投切 4×60Mvar 的调相效果好，也比投切 3×60Mvar 的调相效果好。

对三种调相计算结果进行比较知，采用投切 5×60Mvar 的调相效果最好。三种调相计算，水电站出力相同，发电机组功率因数相同，变化范围为 0.9811～0.9933，说明发电机组无功功率均能发出。

（二）调压计算

根据《电力系统电压和无功电力技术导则》中的规定：发电厂和变电站 500kV 母线正常运行方式时，最高运行电压不得超过系统额定电压的 110%；

10kV 用户的电压允许偏差值，为系统额定电压的±7%。

本工程投运前，500kV 抚顺变电站装有 2 组主变压器，主变压器容量均为 75 万 kVA，主变压器变比均为 525/230±2×2.5%/63，装设 4×60Mvar 电抗器。

在调相计算确定出，大负荷切除抚顺变电站 5×60Mvar 低压电抗器，小负荷投入抚顺变电站 5×60Mvar 低压电抗器的调相基础上，再将水电站出力为 6×300MW 时，水电站主变压器变比为 550/18、536/18 及 523/18，抚顺变电站 5×60Mvar 低压电抗器大负荷时全切除，小负荷时全投入的调压计算结果，列入表 5-7 内。考虑到抽头为 523/18kV 的高压侧电压 523kV 低于抚顺 500kV 变电站高压侧电压（526～533kV），此抽头不适用，故不进行计算。

表 5-7　抚顺变电站投切 5×60Mvar 低压电抗器（水电站 6 台机发电时）
调压相计算结果

运行方式			正常	断清原—抚顺 1 回线	正常	断清原—抚顺 1 回线
大负荷运行方式	潮流（MVA）	机组出力	6×（300+j34.9）	6×（300+j35.9）	6×（300+j66.6）	6×（300+j59.6）
		清原—抚顺	2×（900+j104.7）	1800+j215.6	2×（900+j199.9）	1800+j357.9
	运行电压（kV）	电站 500kV 侧	535.9	535.7	542.8	544.4
		抚顺 500kV 侧	526.4	523.1	528.8	524.9
	电压偏差	电站 500kV 侧	7.18%	7.14%	8.56%	8.88%
		抚顺 500kV 侧	5.28%	4.62%	5.76%	4.98%
	机组功率因数		0.9933	0.9929	0.9762	0.9808
小负荷运行方式	潮流（MVA）	机组出力	6×（300+j20.2）	6×（300+j24.6）	6×（300+j52.7）	6×（300+j48.9）
		清原—抚顺	2×（900+j60.7）	1800+j147.3	2×（900+j158.0）	1800+j291.5
	运行电压（kV）	电站 500kV 侧	539.0	538.1	546.0	546.9
		抚顺 500kV 侧	531.6	528.7	533.9	530.5
	电压偏差	电站 500kV 侧	7.80%	7.62%	9.20%	9.38%
		抚顺 500kV 侧	6.32%	5.74%	6.78%	6.10%
	机组功率因数		0.9977	0.9967	0.9849	0.987
清原电站变比			536/18		550/18	

水电站出力为 3×300MW 时，水电站主变压器变比为 550/18 及 536/18，抚顺变电站低压电抗器大负荷时切除 5×60Mvar，小负荷时投入 5×60Mvar

的调压计算结果，列入表 5-8 内。

表 5-8 抚顺变电站投切 5×60Mvar 低压电抗器（水电站 3 台机发电时）调压相计算结果

运行方式			正常	断清原—抚顺 1 回线	正常	断清原—抚顺 1 回线
大负荷运行方式	潮流（MVA）	机组出力	3×（300＋j44.1）	3×（300＋j40.4）	3×（300＋j85.8）	3×（300＋j74.9）
		清原—抚顺	2×（450＋j66.2）	900＋j121.3	2×（450＋j128.7）	900＋j224.7
	运行电压（kV）	电站 500kV 侧	533.9	534.7	538.5	540.9
		抚顺 500kV 侧	526.5	524.4	528.1	525.7
	电压偏差	电站 500kV 侧	6.78%	6.94%	7.70%	8.18%
		抚顺 500kV 侧	5.30%	4.88%	5.62%	5.14%
	机组功率因数		0.9894	0.9911	0.9615	0.9702
小负荷运行方式	潮流（MVA）	机组出力	3×（300＋j24.7）	3×（300＋j24.3）	3×（300＋j67.5）	3×（300＋j59.5）
		清原—抚顺	2×（450＋j37.1）	900＋j73.0	2×（450＋j101.3）	900＋j178.4
	运行电压（kV）	电站 500kV 侧	538.1	538.1	542.6	544.4
		抚顺 500kV 侧	532.1	530.2	533.6	531.4
	电压偏差	电站 500kV 侧	7.62%	7.62%	8.52%	8.88%
		抚顺 500kV 侧	6.42%	6.04%	6.72%	6.28%
	机组功率因数		0.9966	0.9967	0.9756	0.9809
清原电站变比			536/18		550/18	

水电站出力为 0MW 时，将水电站主变压器变比为 550/18 及 536/18，抚顺变电站 5×60Mvar 低压电抗器大负荷时全切除，小负荷时全投入的调压计算结果，列入表 5-9 内。

表 5-9 抚顺变电站投切 5×60Mvar 低压电抗器（水电站台机发电空载时）调压相计算结果

运行方式			正常	断清原—抚顺 1 回线	正常	断清原—抚顺 1 回线
大负荷运行方式	潮流（MVA）	机组出力	0	0	0	0
		清原—抚顺	2×（0－j120.4）	0－j119.7	2×（0－j120.4）	0－j119.7
	运行电压（kV）	电站 500kV 侧	527.8	526.3	527.8	526.3
		抚顺 500kV 侧	524.8	523.3	524.8	523.3

运行方式			正常	断清原—抚顺1回线	正常	断清原—抚顺1回线
大负荷运行方式	电压偏差	电站 500kV 侧	5.56%	5.26%	5.56%	5.26%
		抚顺 500kV 侧	4.96%	4.7%	4.96%	4.66%
	机组功率因数		1	1	1	1
小负荷运行方式	潮流（MVA）	机组出力	0	0	0	0
		清原—抚顺	2×（0－j123.5）	0－j122.8	2×（0－j123.5）	0－j122.8
	运行电压（kV）	电站 500kV 侧	534.4	532.9	534.4	532.9
		抚顺 500kV 侧	531.4	530.0	531.4	530.0
	电压偏差	电站 500kV 侧	6.88%	6.58%	6.88%	6.58%
		抚顺 500kV 侧	6.28%	6.00%	6.28%	6.00%
	机组功率因数		1	1	1	1
清原电站变比			536/18		550/18	

由表 5-7～表 5-9 调压计算结果可知，变比 550/18 时最大电压偏差为 9.38%，在规程允许范围内；变比为 536/18 水电站电压偏差（7.8%），比变比为 550/18 的电压偏差（9.38%）小，电压波动也小，由调压计算推荐采用 536/18kV 抽头。在采用 536/18kV 抽头时，各种运行情况电压偏差以小负荷运行方式，水电站向外送电最多 6×300MW，电压偏差为 7.8%，随着送出容量的减少，电压偏差也减少送出容量为零时，电压偏差降为 5.26%。发电机功率因数在 0.9929～0.9977 之间变化，无功功率也能发出。由于水电站送出线短，两回 500kV 送电线充电无功功率，水电站侧充电无功功率为 115Mvar 很小，由表 5-6 和表 5-9 知：发电机空载时发电机不吸收无功功率，也不发无功功率，送电线路充电无功功率送往系统，来提高水电站电压，以保持水电站与系统抚顺变电站的电压差，说明本电站对发电机进相运行，无特殊要求。

上述计算为大型水电站接入系统的调相调压计算，也就是大型水电站接入系统的调相调压计算到此全部完成。对大型抽水储能电站调相调压计算除进行上述计算外，还要计算小负荷运行方式由下池向上池抽水运行工况的调相调压计算。

（三）抽水储能时的调相调压计算

清源抽水储能水电站，小负荷运行方式由下池向上池抽水，此时发电机变成抽水泵，抽水泵的供电电源为抚顺 500kV 变电站。也就是在水电站变压器变比固定在 536/18 和抚顺变电站小负荷投入 5×60Mvar 低压电抗器条件下抽

水储能。由表 5-1 知，在水电站送出 1800MW，清原—抚顺 500kV 线上压降为
9.5kV（为额定电压的 1.9%），小负荷时抚顺变电站电压为 531.6kV，由抚顺变
电站向水电站供 1800MW 电力抽水，则水电站电压不可能降到 522.1kV。

因抽水储能电站的电动机既是抽水的电动机，又是发电机，故抽水时增
加发电机的励磁就能发无功功率，向抚顺变电站倒送无功功率，由计算送电
线上电压降公式（$PR+QX$）/U 知，R 比 X 小得多，故只要从清源抽水储能
电站向抚顺变电站倒送少量无功功率，就能提高水电站的电压，参见本书表
2-2 及其说明。

将冬小运行方式抚顺变电站 5×60Mvar 低压电抗器全部投入运行，清源
抽水储能电站 6 台机组抽水运行时，调相调压计算结果见表 5-10；清源抽水
储能电站 3 台机组抽水运行时，调相调压计算结果见表 5-11；清源抽水储能
电站 1 台机组抽水运行时，调相调压计算结果见表 5-12。

表 5-10　大负荷 6 台机发电，小负荷 6 台机抽水时调相调压计算结果

运行方式			正常	断清原—抚顺 1 回线	正常	断清原—抚顺 1 回线
冬大发电工况	潮流（MVA）	机组出力	6×（300+j34.9）	6×（300+j35.9）	6×（300+j66.6）	6×（300+j59.6）
		清原—抚顺	2×（900+j104.7）	1800+j215.6	2×（900+j199.9）	1800+j357.9
	运行电压（kV）	电站 500kV 侧	535.8	535.7	542.8	544.4
		抚顺 500kV 侧	526.4	523.1	528.8	524.9
	电压偏差	电站 500kV 侧	7.16%	7.14%	8.56%	8.88%
		抚顺 500kV 侧	5.28%	4.62%	5.76%	4.98%
	机组功率因数		0.9933	0.9929	0.9762	0.9808
冬小抽水工况	潮流（MVA）	机组出力	6×（−300+j41.7）	6×（−300+j52.3）	6×（−300+j73.6）	6×（−300+j75.9）
		清原—抚顺	2×（905.5−j171.9）	1822.4−j125.7	2×（905.7−j267.4）	1825.5−j268.3
	运行电压（kV）	电站 500kV 侧	534.4	532.1	541.3	540.7
		抚顺 500kV 侧	530.3	527.8	532.5	529.4
	电压偏差	电站 500kV 侧	6.88%	6.42%	8.26%	8.14%
		抚顺 500kV 侧	6.06%	5.56%	6.50%	5.88%
	机组功率因数		−0.9905（进相）	−0.9851（进相）	−0.9712（进相）	−0.9695（进相）
清原电站变比			536/18		550/18	

由表 5-10 知，水电站 6 台机组满出力抽水，当变比为 536/18，各种运行方式下，水电站 500kV 电压偏差在 7.16%～6.42% 间变化，电压波动为 0.74%；当变比为 550/18，各种运行方式下，水电站 500kV 电压偏差在 8.88%～8.14% 间变化，电压波动为 0.74%。变比为 550/18 时，不仅电压偏差大，电压波动也大。

表 5-11　大负荷 3 台机发电，小负荷 3 台机抽水时调相调压计算结果

运行方式			正常	断清原—抚顺 1 回线	正常	断清原—抚顺 1 回线
冬大发电工况	潮流（MVA）	机组出力	3×（300＋j44.1）	3×（300＋j40.4）	3×（300＋j85.8）	3×（300＋j74.9）
		清原—抚顺	2×（450＋j66.2）	900＋j121.3	2×（450＋j128.7）	900＋j224.7
	运行电压（kV）	电站 500kV 侧	533.9	534.7	538.5	540.9
		抚顺 500kV 侧	526.5	524.4	528.1	525.7
	电压偏差	电站 500kV 侧	6.78%	6.94%	7.70%	8.18%
		抚顺 500kV 侧	5.3%	4.88%	5.62%	5.14%
	机组功率因数		0.9894	0.9911	0.9615	0.9702
冬小抽水工况	潮流（MVA）	机组出力	3×（−300＋j39.1）	3×（−300＋j44.2）	3×（−300＋j81.2）	3×（−300＋j78.8）
		清原—抚顺	2×（451.4−j162.8）	905.6−j178.6	2×（451.5−j226.0）	905.8−j281.0
	运行电压（kV）	电站 500kV 侧	535.0	533.9	539.5	540.1
		抚顺 500kV 侧	531.2	529.4	532.6	530.6
	电压偏差	电站 500kV 侧	7.00%	6.78%	7.90%	8.02%
		抚顺 500kV 侧	6.24%	5.88%	6.52%	6.12%
	机组功率因数		−0.9916（进相）	−0.9893（进相）	−0.9653（进相）	−0.9672（进相）
清原电站变比			536/18		550/18	

由表 5-11 知，水电站 3 台机组满出力抽水，当变比为 536/18，各种运行方式下，水电站 500kV 电压偏差在 6.78%～7.0% 间变化，电压波动为 0.22%；当变比为 550/18，各种运行方式下，水电站 500kV 电压偏差在 7.70%～8.18% 间变化，电压波动为 0.48%。变比为 550/18 时，不仅电压偏差大，电压波动也大。

表 5-12 大负荷 1 台机发电，小负荷 1 台机抽水时调相调压计算结果

运行方式			正常	断清原—抚顺1回线	正常	断清原—抚顺1回线
冬大发电工况	潮流（MVA）	机组出力	1×（300+j59.1）	1×（300+j58.2）	1×（300+j103.3）	1×（300+j103）
		清原—抚顺	2×（150+j29.6）	300+j58.2	2×（150+j51.6）	300+j103.5
	运行电压（kV）	电站 500kV 侧	530.7	530.9	532.3	533.6
		抚顺 500kV 侧	525.7	524.1	526.3	524.7
	电压偏差	电站 500kV 侧	6.14%	6.18%	6.46%	6.72%
		抚顺 500kV 侧	5.14%	4.82%	5.26%	4.94%
	机组功率因数		0.9811	0.9817	0.9455	0.9458
冬小抽水工况	潮流（MVA）	机组出力	1×（−300+j41.0）	1×（−300+j45.3）	1×（−300+j94.4）	1×（−300+j94）
		清原—抚顺	2×（150.2−j141.6）	300.7−j159.3	2×（150.2−j168.5）	300.7−j207.7
	运行电压（kV）	电站 500kV 侧	534.6	533.7	536.5	536.6
		抚顺 500kV 侧	531.3	529.7	531.8	530.3
	电压偏差	电站 500kV 侧	6.92%	6.74%	7.30%	7.32%
		抚顺 500kV 侧	6.26%	5.94%	6.36%	6.06%
	机组功率因数		−0.9908（进相）	−0.9888（进相）	−0.9539（进相）	−0.9543（进相）
清原电站变比			536/18kV		550/18kV	

注 表 5-10～表 5-12 中发电机组功率因数为负值（进相），是指电机从系统接受有功抽水，发无功送向系统情况，不是发电机发有功功率，从系统接受无功功率的进相运行情况（进相）所以前面加个"−"号。

由表 5-12 知，水电站 3 台机组满出力抽水，当变比为 536/18，各种运行方式下，水电站 500kV 电压偏差在 6.14%～6.92%间变化，电压波动为 0.78%；当变比为 550/18，各种运行方式下，水电站 500kV 电压偏差在 6.46%～7.32%间变化，电压波动为 0.86%。变比为 550/18 时，不仅电压偏差大，电压波动也大。

对表 5-10～表 5-12 进行对比与分析知，各种运行方式下，水电站 500kV 电压偏差都在允许范围内，电压波动较小。变比为 536/18 的电压偏差和电压波动都比变比为 550/18 时小，故推荐以变比 536/18 运行。如果随着投入运行机组数的增减 1 台，与此同时，抚顺变电站减增 1×60Mvar 低压电抗器（水电站增加 1 台发电机组，抚顺变电站减少 1 组低压电抗器，这两个变电站的增减相反），电压偏差和电压波动会更小。

水电站发电向系统送电时，输电线路上压降标幺值，1 台机为 1%（5kV），3 台机为 1.48%（7.4kV），6 台机为 1.9%（9.5kV）。水电站抽水储能从系统受电时，输电线路上压降标幺值，1 台机为 0.66%（3.3kV），3 台机为 0.76%（3.8kV），6 台机为 0.82%（4.1kV）。因抽水时有功功率和无功功率流向相反，故电压降小。

由表 5-10～表 5-12 知，当清原抽水储能电站主变压器变比为 536/18 时，6 台机组、3 台机组和 1 台机组抽水，水电站 500kV 电压在 534.4～535kV 变化，变化不大；与大负荷水电站发 1800MW 时，水电站母线电压 535.9kV 相差也不大。当清原抽水储能电站主变压器变比为 550/18 时，6 台机组、3 台机组和 1 台机组抽水，水电站 500kV 电压在 536.5～541.3kV 变化，变化不大；与大负荷水电站发 1800MW 时，水电站母线电压 542.8kV 相差也不大。

当变比为 536/18kV，大负荷电站发电时，发电机功率因数为 0.9811～0.9933；当变比为 550/18，大负荷电站发电时，发电机功率因数为 0.9455～0.9808；因变比提高水电站电压也升高，水电站向系统送无功功率也增加，即发电机功率因数由 0.9933 降为 0.9808。当小负荷抽水时，发电机变为抽水机，此时为提高水电站电压，发电机发无功功率，表 5-10～表 5-12 中发电机功率因数为负值，表示发电机吸收有功功率发无功功率时的功率因数，在 −0.9916～−0.9539 间变化，说明本电站对发电机变为抽水的水轮机时，要具备吸收有功功率发无功功率的能力，其功率因数为 0.95。

四、变压器型式的选择

在调相调压计算基础上，选取各种运行方式电压偏差最小的主变压器变比（536/18），计算主变压器接近空载小负荷运行方式、主变压器满载大负荷运行方式的电压，将计算出主变压器各种电压侧的电压列入表 5-13 内。

表 5-13　　　　　大负荷方式与小负荷方式调压计算

项目	小负荷 6 台机组运行发电方式	大负荷 6 台机组运行发电故障运行方式
抚顺变电站 500kV 侧电压（kV）	531.6	523.1
抚顺变电站 500kV 侧电压偏差	6.32%	4.62%
清原电站 500kV 侧电压（kV）	539.0	535.7
清原电站 500kV 侧电压偏差	7.80%	7.14%
主变压器变比	536/18	536/18
机组功率因数	0.9977	0.9929
发电机出力（MVA）	300+j20.2	300+j35.9
发电机端电压（kV）	18	18

综上所述，抽水储能电站主变压器变比选择为 536±1×2.5%/18，均能满足各种运行方式调相调压的要求，以及抽水储能运行方式的要求，变压器可选用普通变压器。

第二节　中型水电站接入 220kV 电网的调相调压计算[1]

大兴川水电站位于二道松花江中游，地处吉林省安图县两江镇大兴川村一队上游约 2km 处。水电站本期及终期规模都为 3 台 16MW 和 1 台 0.5MW 水电机组，共计 48.5MW，其中 0.5MW 水电机组接入水电站低压侧，为水电站厂用电源。

一、2013 年延边地区电网情况

延边地区电网位于吉林省电网的东部，北接黑龙江省电网，西通吉林地区电网。延边地区电网与黑龙江省电网经 500kV 林平线相连，与吉林地区电网经 500kV 平包线、220kV 蛟敦线相联。

延边地区 220kV 电网已形成以平安 500kV 变电站、珲春发电厂为支撑点，平安变电站—敦化变电站—延西变电站—延东变电站—平安变电站，延东变电站—图们变电站—珲春发电厂—靖边—延西变电站的两个大环网结构。两江变电站接入 220kV 敦化变电站，塔东变电站以单回 220kV 线路接入平安变电站，汪清变电站以双回 220kV 线路接入图们变电站，和龙变电站以双回 220kV 线路接入海兰变电站，海兰变电站再以双回 220kV 线路接入延西变电站。汪清、延西、延东、图们、敦化、和龙、海兰和靖边变电站以 66kV 放射型网架向地区负荷供电。延吉市城区仅有 2 座 220kV 电站，通过图们变电站—珲春发电厂—靖边变电站已形成双环网结构。

截至 2013 年底，延边地区总电站电容量 1597.5MVA。2013 年延边地区最大供电负荷为 687MW，全社会用电量为 45.91×10^8kWh。2013 年延边地区 220kV 及以上电网地理位置现状如图 5-4 所示。

二、大兴川水电站接入系统方案

由以上电站接入系统的外部条件可以看出，大兴川不宜接入 66kV 电压等级的松两线、松露线、露沿线和露水河变电站，所以建议电站宜以 220kV 电压等级接入系统。

根据大兴川水电站发电站接入系统的外部条件，拟定本电站机组联网方案如下：大兴川水电站出 1 回 220kV 线路接入两江水电站，大兴川水电站至两江水电站线路长度 16km，导线型号 LGJ-240。由于两江水电站开关场两侧

---

[1] 本节介绍的调相调压计算内容均基于 2013 年延边地区电网情况。

扩建端一侧紧靠大山，一侧为护堤路（防洪通道），围墙外横向均不能扩建，但纵向围墙外为空地，可以扩建。大兴川水电站接入系统方案图如图 5-5 所示。

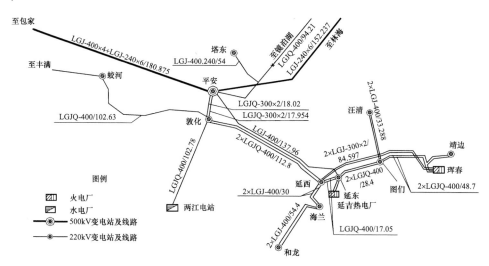

图 5-4　2013 年延边地区 220kV 及以上电网示意图

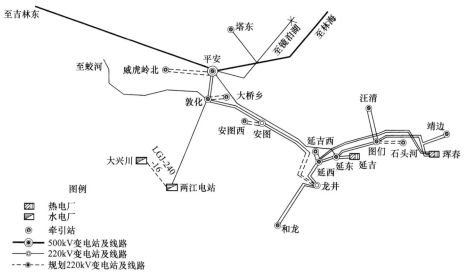

图 5-5　大兴川水电站接入系统方案图

三、调相调压计算

（一）调相计算

由于大兴川水电站以 16km 导线截面为 LGJ-240 的 220kV 输电线路接入

系统，输电线路充电无功功率分配到水电站侧为 $16 \times 0.13 \times 0.5 = 1.04$Mvar，由于充电无功功率很小，可不考虑装设电抗器予以补偿。另外此充电无功功率，也不会使 16MW 的水轮发电机产生自励磁。水电站主变压器和送出。

（二）调压计算

根据本工程的推荐联网方案，结合潮流计算结果，以 2015 年为计算水平年，采用夏大和夏小正常方式，进行调压计算和电站升压变压器抽头选择。

本次分别对主变压器抽头选择为 $242 \pm 2 \times 2.5\%/10.5$ 和 $236 \pm 2 \times 2.5\%/10.5$ 两种方式进行调压计算。计算结果如表 5-14 和表 5-15 所示。

表 5-14　　　　　　　　调相调压计算结果表

运行方式	变压器变比（主抽头为242kV）	机组出力		机端电压（kV）	大兴川 220kV 侧电压（kV）	功率因数
		有功功率（MW）	无功功率（Mvar）			
夏大方式	1.05	47.52	37.5	10.5	238.2	0.79
	1.025	47.52	26.9	10.5	236.8	0.87
	1	47.52	15.9	10.5	235.3	0.95
	0.975	47.52	6.42	10.5	233.4	0.99
	0.95	47.52	-6.5	10.5	232	-0.99
夏小方式	1.05	28.8	35.6	10.5	238.9	0.63
	1.025	28.8	25	10.5	237.5	0.76
	1	28.8	14	10.5	236	0.90
	0.975	28.8	3.31	10.5	234.4	0.99
	0.95	28.8	-8.5	10.5	232.7	-0.96

由表 5-14 可知，本工程变压器选择为 $242 \pm 2 \times 2.5\%/10.5$，在夏大负荷方式，变压器抽头在 0.95～1.05 之间变化时，电站 220kV 母线电压为 232～238.2kV，功率因数为 -0.99～0.79，最大电压偏差为 8.27%。夏小运行方式下，变压器变比在 0.95～1.05 之间变化时，电站 220kV 母线电压为 232.7～238.9kV，功率因数为 -0.96～0.63，最大电压偏差为 8.59%，电压偏差均满足《电力系统电压质量和无功电力管理规定》中"发电厂 220kV 母线电压偏差为系统额定电压的 0～10%"的规程规定要求，功率因数在合理范围以内。

由表 5-15 可知，本工程变压器选择为 $236 \pm 2 \times 2.5\%/10.5$，在夏大负荷方式，变压器抽头在 0.95～1.05 之间变化时，电站 220kV 母线电压为 230.2～236.7kV，功率因数为 -0.94～0.87，最大电压偏差为 7.59%。夏小运行方式下，变压器变比在 0.95～1.05 之间变化时，电站 220kV 母线电压为 230.9～237.5kV，功率因数为 -0.95～0.76，最大电压偏差为 7.95%，电压偏差均满足《电力系统电压质量和无功电力管理规定》中"发电厂220kV 母线电压偏差为系统额定电压的 0～10%"的规程规定要求，功率因数在合理范围以内。

表 5-15 调相调压计算结果表

运行方式	变压器变比（主抽头为 236kV）	机组出力		机端电压（kV）	大兴川 220kV 侧电压（kV）	功率数因
		有功功率（MW）	无功功率（Mvar）			
夏大方式	1.05	47.52	26.5	10.5	236.7	0.87
	1.025	47.52	15	10.5	233.4	0.95
	1	47.52	5.3	10.5	233.7	0.99
	0.975	47.52	−6.1	10.5	232	−0.99
	0.95	47.52	−17.3	10.5	230.2	−0.94
夏小方式	1.05	28.8	24.6	10.5	237.5	0.76
	1.025	28.8	14	10.5	236	0.90
	1	28.8	3	10.5	234.4	0.99
	0.975	28.8	−7.9	10.5	232.7	−0.96
	0.95	28.8	−9.6	10.5	230.9	−0.95

主变压器两种变比计算出的电压偏差，均在规程规定范围，但考虑到 242 ±2×2.5%/10.5 变比时，发电机的无功功率能多发，故采用 242±2×2.5%/10.5 变比。

根据《国家电网公司电力系统电压质量和无功电力管理规定》中要求"并入电网的发电机组应具备满负荷时功率因数 0.85（滞相）～0.97（进相）运行的能力。对于新建机组应满足进相 0.95 运行的能力"。所以本工程机组应具有滞相 0.85 和进相 0.95 的调相功能。

四、变压器型式选择

在调相调压计算基础上，选取各种运行方式电压偏差最小的主变压器变比（242/10.5），计算主变压器接近空载小负荷运行方式、主变压器满载大负荷运行方式的电压，将计算出主变压器各种电压侧的电压列入表 5-16 内，所选变压器变比能否适应运行要求，变压器可否选用普通变压器。

表 5-16 大负荷方式满载与小负荷方式空（轻）载调压计算

项目	主变压器接近空载小负荷运行方式	主变压器满载大负荷运行方式
两江电站 220kV 侧电压（kV）	236.2	234.51
两江电站 220kV 侧电压偏差	7.36%	6.60%

续表

项目	主变压器接近空载小负荷运行方式	主变压器满载大负荷运行方式
电厂 220kV 侧电压（kV）	236.2	235.3
电厂 220kV 侧电压偏差	7.36%	6.95%
主变压器变比	242/10.5	242/10.5
机组功率因数	0.1445	0.99
发电机出力（MVA）	3＋j20.84	47.52＋j1.14
发电机端电压（kV）	10.5	10.5

由表 5-16 可知，主变压器空载小负荷运行方式，大兴川电站高压母线电压为 236.2kV，电压偏差为 7.36%；主变压器满载大负荷远行方式，大兴川电站高压母线电压为 235.3kV，电压偏差为 6.95%，电压偏差之差（电压波动）为 0.41%，说明电压波动很小，可选用普通变压器。

第三节　小型水电站接入 110（66）kV 电网的调相调压计算

一、2006 年白城地区电网情况●

（一）哈达山水电站简介

第二松花江发源于长白山天池，贯穿吉林省中、东部地区，在三岔河口与嫩江会合后形成松花江。松花江流经哈尔滨、佳木斯市，最后注入黑龙江。哈达山水利枢纽工程位于第二松花江干流下游，坝址在吉林省松原市东南约 20km 处的哈达山，下距第二松花江与嫩江会合口约 60km。本工程是第二松花江流域最末一级控制性水利枢纽工程，是一座以工农业供水、改善生态环境和水环境质量为主，结合水利发电，兼顾湿地保护并为前郭尔罗斯灌区水稻田灌溉，同时实现松辽流域水资源优化配置的骨干工程。

哈达山水利枢纽工程，计划主体工程 2008 年全面开工建设，水电站装机容量为 4×6.9MW，设计年发电量为 $1.11×10^8$ kWh，计划 2010 年全部投运。

（二）前郭尔罗斯电网情况

白城地区电网是吉林省西北部的一个末端电网，目前白城地区 220kV 电网已形成由 220kV 白城变电站、镇赉变电站、大安变电站和长山热电厂为支撑点的单环网，其中：220kV 热白线（LGJQ-300）全长 149.65km、220kV 热大线（LGJQ-400）全长 32.72km、大镇线（LGJQ-400）全长 114.36km、220kV

●　本节调相调压计算内容均基于 2006 年白城地区电网系统情况。

镇白线（LGJQ-400）全长 58.4km。并通过 220kV 热德线（LGJQ-400、全长 148.22km）、前农线（LGJQ-300、全长 82.28km）和扶五线（LGJQ-300、全长 120.3km）与主网联接；220kV 洮南变电站经 1 回 220kV 线路供电；220kV 长岭变电站 π 接到通辽电厂至西郊变电站的线路上供电，长山热电厂经 1 回 220kV 长新线与黑龙江电网相联。

截至 2006 年底，白城电网已建成 220kV 变电站 7 座，220kV 变压器 10 台，总变电容量 1023MVA。

2006 年白城地区电网接线图，如图 5-6 所示。

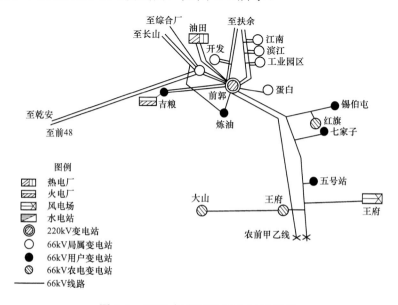

图 5-6　2006 年白城地区电网接线图

二、哈达山电站接网方案

哈达山电站装机容量为 4×6.9MW，宜接入 66kV 电网运行，联网方案按 66kV 电压等级接入考虑。

哈达山水电站新建 1 回导线截面为 LGJ-240 的 66kV 线路，线路长 26.3km，含铜芯交联聚乙烯电力电缆（300 mm²）0.2km，接入 220kV 前郭变电站的 66kV 侧，哈达山电站接网方案图如图 5-7 所示。

三、调相调压计算

（一）调相计算

由于哈达山水电站以 26.3km 导线截面为 LGJ-240 架空线和 0.2km 铜芯（300 mm²）交联聚乙烯电力电缆组成的 63kV 输电线路接入系统，输电线路充电无功功率分配到水电站侧为 26.3×0.01×0.5＋0.2×0.26＝0.28Mvar，由于充电无功功率很小，可不考虑装设电抗器予以补偿。另外此充电无功功率，也不会使 6.9MW 的水轮发电机产生自励磁。水电站主变压器和送出线路上的无损耗，可由水电站发电机所发无功功率予以补偿，故可不装设电容器进行补偿。

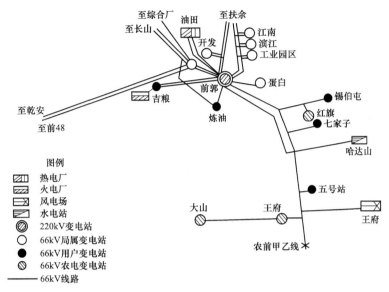

图 5-7　哈达山电站接网方案图

（二）调压计算

根据本工程的推荐联网方案，结合潮流计算结果，以 2010 年为计算水平年，采用夏大和夏小正常方式，进行调压计算和电站升压变压器抽头选择，计算结果见表 5-17 和表 5-18。

表 5-17　　采用 69±2×2.5%/6.3kV 变压器的调相计算结果

运行方式	夏　大　方　式				
变压器变比	1.05	1.025	1.0	0.975	0.95
机端电压（kV）	6.3	6.3	6.3	6.3	6.3
电厂 66kV 侧电压（kV）	70.21	69.56	68.86	68.13	67.35
机组出力（MVA）	6.9+j3.072	6.9+j1.761	6.9+j0.435	6.9−j0.900	6.9−j2.245
机组功率因数	0.9135	0.9686	0.998	−0.9916	−0.950
运行方式	夏　小　方　式				
变压器变比	1.05	1.025	1.0	0.975	0.95
机端电压（kV）	6.3	6.3	6.3	6.3	6.3

运行方式	夏 小 方 式				
电厂66kV侧电压（kV）	70.58	69.64	68.67	67.65	66.58
机组出力（MVA）	6.9+j2.608	6.9+j1.649	6.9+j0.696	6.9−j0.248	6.9−j1.182
机组功率因数	0.9354	0.9726	0.9949	−0.999	−0.9865

表 5-18　　采用 66±2×2.5%/6.3kV 变压器的调相计算结果

运行方式	夏 大 方 式				
变压器变比	1.05	1.025	1.0	0.975	0.95
机端电压（kV）	6.3	6.3	6.3	6.3	6.3
电厂66kV侧电压（kV）	68.99	68.29	67.56	66.78	65.96
机组出力（MVA）	6.9+j0.6665	6.9−j0.609	6.9−j1.8933	6.9−j3.183	6.9−j4.476
机组功率因数	0.9953	−0.9949	−0.9643	−0.9080	−0.8389
运行方式	夏 小 方 式				
变压器变比	1.05	1.025	1.0	0.975	0.95
机端电压（kV）	6.3	6.3	6.3	6.3	6.3
电厂66kV侧电压（kV）	68.84	67.88	66.87	65.82	64.73
机组出力（MVA）	6.9+j0.8613	6.9−j0.04376	6.9−j0.09321	6.9−j1.823	6.9−j2.693
机组功率因数	0.9922	−0.9999	−0.9900	−0.9668	−0.9315

　　电厂的变压器高压侧额定电压选择 69kV 时，电厂机组运行在夏大方式时，变压器抽头放置在 1.0 位置上，电压为 68.86kV，发电机功率因数为 0.998；电厂机组运行在夏小方式时，变压器抽头放置在 1.0 位置上，电压为 68.67kV，发电机功率因数为 0.9949。当变压器抽头放在 1 以下位置时，发电机均消耗无功功率，功率因数为−0.95。根据以上分析发电机组应具备进相运行能力。

　　可以看出：选择 69±2×2.5%/6.3 的主变压器分接头，可使用的主变压器分接头数目多于 66±2×2.5%/6.3 的主变压器分接头。且前郭变压器分接头为低压侧为 69kV，故本工程选择 69±2×2.5%/6.3 的主变压器分接头。

四、变压器型式选择

　　在调相调压计算基础上，选取表 4-18 中各种运行方式电压偏差最小的主变压器变比（69/6.3），再计算主变压器接近空载小负荷运行方式、主变压器满载大负荷故障运行方式，计算出主变压器各种电压侧的电压，见表 5-19。

表 5-19　　　大负荷方式满载与小负荷方式空（轻）载调压计算

项目	主变压器接近空载小负荷运行方式	主变压器满载大负荷故障运行方式
松原 500kV 变电站 220kV 侧电压（kV）	67.3	67
松原 500kV 变电站 220kV 侧电压偏差	1.97%	1.52%
电厂 220kV 侧电压（kV）	68.5	68.3
电厂 220kV 侧电压偏差	3.79%	3.48%
主变压器变比	69/6.3	69/6.3
机组功率因数	0.3733	0.993
发电机出力（MVA）	2+j5	27.32+j3.5
发电机端电压（kV）	6.3	6.3

　　本工程变压器变比选择为 69±2×2.5%/6.3，变压器抽头在 1 时，主变压器空载小负荷运行方式，此时不仅系统电压高、变压器的电压降小，变压器高压侧电压高，电厂 66kV 母线电压为 68.5kV；主变压器满载大负荷故障运行方式，此时系统电压低、变压器电压降大，变压器高压侧电压低，电厂 66kV 母线电压为 68.3kV；最大电压偏差分别为 3.79%和 3.48%，电压波动为 0.31%，均满足规程规定要求。发电机功率因数为 0.993，功率因数在合理范围以内，可选用普通变压器。

　　综合以上分析，电站升压变压器在 69/6.3 分接头时，电站正常及故障运行方式下功率因数均合理，因此建议本工程机组升压变压器选择普通变压器，变比选择为 69±2×2.5%/6.3。考虑系统运行方式的多变性，要求本工程机组应具备高功率因数和进相运行条件，发电机额定功率因数宜选择为 0.8（滞后），发电机应具备进相 0.95（超前）运行的能力。

第六章
风电场的调相调压计算

【提要】 因风电场只发有功功率不发无功功率，一般接入各级电压电网的风电场通过 1 回以上输电线路向系统送电。

风具有随机性、间隙性的特点，故风电场出力时时刻刻在变化，在调相调压计算时，按大负荷运行方式出力最大，小负荷运行方式出力最小，就能涵盖一切运行方式。风电场的调相计算，分大负荷运行方式和小负荷运行方式两种。大负荷运行方式风电场向系统输送的有功功率大（风电场出力按100%计算），故在输电线路上和变压器上的电压降大，风电场与系统相连接的变电站电压低。为保持风电场及与系统相连接的变电站各侧电压变化不大，对接入 330kV 及以上电压的风电场升压变电站，首先应切除风电场升压变电站内的低压电抗器（或可投切的高压电抗器）后，如果变电站电压仍低，再投入风电场升压变电站的静电电容器或无功负荷静补装置，使其电压升高达到正常标准为止。对接入 220kV 及以下电压的风电场升压变电站，大负荷方式投入风电场升压变电站内的静电电容器或无功负荷静补装置，使其电压升高达到正常标准为止。

小负荷运行方式下，风电场向系统输送的有功功率最少（风电场出力按60%以下计算），故在输电线路上和变压器上的电压降最小，风电场与系统相连接的变电站电压高。为保持风电场升压变电站各侧电压变化不大，对接入 330kV 及以上电压的风电场升压变电站，应先切除风电场升压变电站内的静电电容器或无功负荷静补装置，如果变电站电压仍高，再投入变电站内的低压电抗器（或可投切的高压电抗器）后，使其电压达到正常标准为止。对接入 220kV 及以下的风电场升压变电站，小负荷方式切除风电场升压变电站内的静电电容器或无功负荷静补装置，使其电达到正常标准为止。

风电场升压变电站大负荷故障方式电压最低，小负荷主变压器空载时电压最高。经对风电厂升压变电站调相计算，确定风电厂升压变电站各种运行方式投入与切除无功补偿设备的容量。在电网调相计算的同时，该电网的电压已经得到了改善。但向风电场升压主变压器供电的二次电网的电压波动，可能仍较大。为此在调相计算确定出的大负荷运行方式投入静电电容器（或切除电抗器）容量，小负荷运行方式切除静电电容器（或投入电抗器）容量基础上，再改风电场升压主变压器的变比，为找出极限，再计算出大负荷正常方式（此时电压低），小负变压器空载（此时电压高）运行方式的调相调压计算结果，从计算中找出二次网电压波动最小的主变压器变比。

风电场出力随风而变化，往往风电场出力变化与电网负荷变化相反，如果能满足大负荷时风电场出力大，小负荷时风电场出力小的计算方式，则其余方式相当逆调压方式，所选变压器都能满足要求。

风电场升压变电站调压计算的目的：是确定风电场升压变电站主变压器是选择普通变压器，还是选择有载（带负荷）调压变压器，和主变压器的变比，以及变电站应装设的无功补偿容量和可投切容量。

第一节 大型风电场接入 500kV 电网的调相调压计算❶

一、2008 年风电场接入通辽电网情况

通辽电网位于东北电网中的中西部，由通辽电网与兴安盟电网组成。供电面积达 12 万 km^2。截至 2008 年，地区共有 500kV 变电站 2 座，主变压器总容量 1500MVA（科尔沁变电站 750MVA，阿拉坦变电站 750MVA）。地区共有 220kV 变电站 11 座（通辽、河西、开鲁、奈曼、右中、霍林河、甘旗卡、鲁北、宝龙山、右中、乌兰），主变压器 18 台，主变压器容量合计为 1528MVA（其中通辽变电站：3×120MVA，河西变电站 2×120MVA，右中变电站 2×63MVA，霍林河变电站 2×63MVA，开鲁变电站 90MVA，奈曼变电站 90MVA，甘旗卡变电站 90MVA，宝龙山变电站 120MVA，鲁北变电站 120MVA）；企业 220kV 变电站 1 座（铝厂变电站，主变压器容量 4×90MVA），兴安盟 220kV 乌兰变电站现接入通辽电网运行，为兴安盟乌兰浩特市主要供电源。网内现有主力电厂 3 座，总装机容量 2600MW（中电投 2×600MW，通辽三期 600MW，通辽电厂 800MW）；热电厂 2 座（通辽热电 81MW，盛发热电：2×135MW）；用户自备电站 1 座（霍煤铝电公司鸿骏电厂，装机总容量 600MW），风电 100MW（华能 50MW，国华 50MW）。2008 年，全区最大供电负荷为 1070MW，同比增长 4.9%；供电量为 62.5 亿 kWh，同比增长 8.9%。

---

❶ 本节调相调压计算内容均基于 2008 年通辽电网情况。

通辽市 220kV 城市电网为通辽地区电网枢纽点，网内现有河西、通辽 2 座 220kV 变电站及 500kV 科尔沁变电站，通辽电厂与通辽热电厂 2 座 220kV 厂站及 1 座 220kV 用户变电站（铝厂变电站）。现已形成通辽发电厂、通辽变电站、河西变电站、500kV 科尔沁变电站间 220kV 双回线联网及通辽变电站、铝厂变电站、通辽热电厂间单环供电联网。由通辽 220kV 城网经 2 回 220kV 线路向通辽北部扎鲁特、霍林河及右中、乌兰方向供电，经 3 回 220kV 线路（宝岭、电双、通巨）与吉林省电网联网；经单回 220kV 线路向开鲁、奈曼与科左后、库伦供电。2008 年通辽电网接线图如图 6-1 所示。

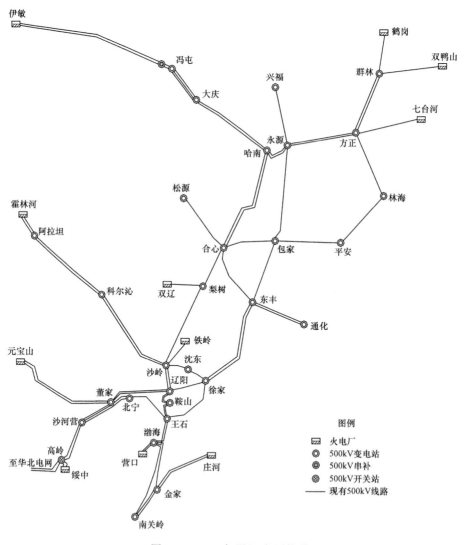

图 6-1　2008 年通辽电网接线

二、开鲁风电场接入系统方案

开鲁风能规划区位于开鲁县城北部，按照地区风电发展规划中风资源评估意见，地区风能资源丰富，规划区面积达 500km² 以上，具备开发百万千瓦级风电基地条件。近期风电场开发规模为 1800MW，中期风电场开发规模为 2400MW，远期风电场开发规模为 3000MW。本次设计以中期开发建设 2400MW 风电场机组为主，同时对远期风电场装机规划进行初步分析。

开鲁风电基地以 500kV 电压等级接入拟建 500kV 新民变电站，新建 500kV 输电线路 245km，新民变电站扩建 1 个 500kV 间隔。科尔沁至辽中电网，以 5 回 500kV 线联网。开鲁风电场接入系统方案图如图 6-2 所示。

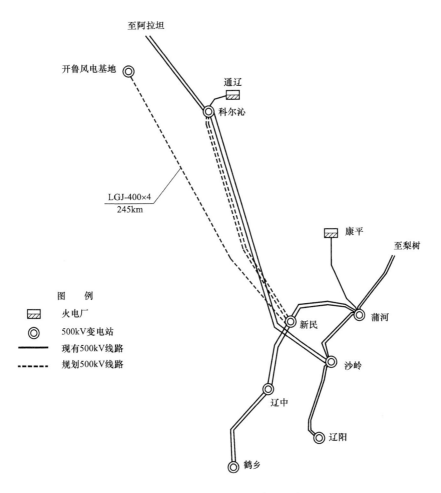

图 6-2 开鲁风电场接入系统方案图

三、本工程投入时相关变电站无功配置方案

（一）开鲁 500kV 变电站高、低压电抗器配置

开鲁—新民输电线为 LGJ-240×6 的紧凑型输电线路，长度 260km，充电功率 $1.53×260/2＝198.9$Mvar。考虑到风电场 220kV 输电线路充电功率 $30×8×0.121＝29$Mvar，根据无功功率就地平衡原则，在开鲁变电站装 150Mvar 高压电抗器 1 组、60Mvar 低压电抗器 2 组，在新民变电站装 150Mvar 高压电抗器 1 组、60Mvar 低压电抗器 1 组，称方案一（见表 6-1）。

在开鲁变电站装 150Mvar 高压电抗器 1 组、60Mvar 低压电抗器 1 组，在新民变电站装 150Mvar 高压电抗器 1 组、60Mvar 低压电抗器 2 组，称方案二（见表 6-2）。

表 6-1　　　　　　　　高、低压电抗器配置方案一

方案	相连变电站名称	线路长度之半（km）	500kV线路充电功率 Q_c（Mvar）	原有并联电抗器配置（Mvar）			本工程无功配置方案							
							新增电抗器（Mvar）			新旧电抗器合计 Q_x（Mvar）				平衡
				高压	低压	合计	高压	低压	合计	高压	低压	合计	补偿度	Q_x-Q_c
开鲁变电站	开鲁—新民	130	198.9				150	60×2	270	150	60×2	270	118.47%	42.1
	220kV线路	30×8	29											
新民变电站	开鲁—新民	130	198.9				150	60	210	150	60	210	105.58%	11.1
	科尔沁—新民	200	290.8	150×2						150×2		300	103.1%	9.2
	沈北—新民	100	115	60×2	60×2						120	120	104.3%	5
	辽中—新民	100	115	60×2	60×2						120	120	104.3%	5
	合计		719.7							450	300	750	104.2%	30.3

表 6-2　　　　　　　　高、低压电抗器配置方案二

方案	相连变电站名称	线路长度之半（km）	500kV线路充电功率 Q_c（Mvar）	原有并联电抗器配置（Mvar）			本工程无功配置方案							
							新增电抗器（Mvar）			新旧电抗器合计 Q_x（Mvar）				平衡
				高压	低压	合计	高压	低压	合计	高压	低压	合计	补偿度	Q_x-Q_c
开鲁变电站	开鲁—新民	130	198.9				150	60	210	150	60	210	92.14%	−17.9
	220kV线路		29											
新民变电站	开鲁—新民	130	198.9				150	60×2	270	150	60×2	270	135.74%	71.1
	科尔沁—新民	200	290.8	150×2						150×2		300	103.1%	9.2
	沈北—新民	100	115		60×2						120	120	104.3%	5
	辽中—新民	100	115		60×2						120	120	104.3%	5
	合计		719.7				450	360	810				112.54%	90.3

对表 6-1 和表 6-2 进行对比分析后知，两个方案装设高、低压电抗器容量相同，方案一各条 500kV 线路补偿合适，开鲁和新民 500kV 变电站补偿度合理，无功平衡。方案一在开鲁 500kV 变电站装 2 组 60Mvar 低压电抗器，可在每台 1200MVA 主变压器低压侧各装 1 组低压电抗器，配置合理运行灵活，故推荐方案一。

（二）开鲁 500kV 变电站电容器配置

为补偿 500/220kV 容量为 1200MVA 主变压器励磁无功功率损失和补偿变压器供的无功负荷，开鲁 500kV 变电站每台主变压器低压侧应装 4×60Mvar 静电电容器。

1. 串联补偿

为提高开鲁—新民 500kV 线路的输电能力和提高该线路的稳定极限水平，该线路应采用串联补偿。经初步分析，采用多分裂导线及固定串联补偿设备可较大提高线路输送能力。其中，多分裂导线可缩短输电线路电气距离、提高线路充电功率。安装固定串补装置可改善沿线电压分布、提高线路的输送能力，是长距离大容量风电外送的行之有效的方法，并可减少低压并联电容器补偿容量。为了减小串联补偿装置给火电机组暂态特性带来的影响，串

联补偿装置安装在开鲁升压站侧。

线路采用 LGJ-240×6 型导线不加串联补偿与加 35%固定串联补偿装置输电能力计算结果见表 6-3。由计算结果可知：

若线路不加固定串联补偿装置， 240×6 导线的送出极限约为 1800MW，采用 240×6 导线安装 35%的固定串联补偿装置，可提高 600MW 输电能力。

表 6-3　　　　　不同导线串联补偿装置方案输电能力比较表

序号	接入地点距离（开鲁—新民）	导线型号	串联补偿装置百分数	送出极限（MW）	串联补偿容量（Mvar）	串联补偿装置投资（万元）
1	260km	LGJ-240×6	0	1800		
2			35%	2400	397.5	7174

2. 固定串联补偿

（1）固定串联补偿额定电抗。开鲁—新民 500kV 线路为六分裂紧凑型架空输电线路，全线长 260km，其正序电抗 $X=0.2015\Omega/km×260km=52.39\Omega$，当该线串联补偿度为 35%时，其串联补偿容性电抗 $X_C=52.39×0.35=18.33\Omega$。

（2）固定串联补偿额定电流。开鲁—新民 500kV 输电线路最大输送功率为 2400MW，由于风电场功率因数为 1，故该线上流过最大电流 $I_H=2400/1.732×500=2.77$kA。故固定串联补偿额定电流 $I_H=2.77$kA。

（3）固定串联补偿额定容量 $=3I_H^2X_C=3×2.77^2×18.33=422.08$Mvar。

四、调相调压计算

（一）调相计算

根据 DL/T 1773—2017《电力系统电压和无功电力技术导则》中的规定：发电厂和变电站 500kV 母线正常运行方式时，最高运行电压不得超过系统额定电压的 10%。据此开展调相调压计算。

在 500kV 开鲁变电站接入系统的线路上加 35%串联补偿设备，线路两侧各投入 120Mvar、150Mvar 高压电抗器或 150Mvar 可控高压电抗器，开鲁变电站变压器变比为 536/230/66，大负荷方式送出有功功率为 2300～2400MW，小负荷方式送出有功功率为 500MW，调相计算结果见表 6-4。

表 6-4　　　　　　　　调 相 计 算 结 果

项目	装 120Mvar 高压电抗器		装 150Mvar 高压电抗器		装 150Mvar 可控高压电抗器		
	大负荷正常方式	小负荷正常方式	大负荷正常方式	小负荷正常方式	大负荷方式可控高压电抗器投 40Mvar	小负荷方式可控高压电抗器投 150Mvar	小负荷正常方式高压电抗器不投
送出有功功率（MW）	2400	500	2400	500	2300	500	500

项目	装 120Mvar 高压电抗器		装 150Mvar 高压电抗器		装 150Mvar 可控高压电抗器		
	大负荷正常方式	小负荷正常方式	大负荷正常方式	小负荷正常方式	大负荷方式可控高压电抗器投 40Mvar	小负荷方式可控高压电抗器投 150Mvar	小负荷正常方式高压电抗器不投
500kV 侧电压（kV）	523.7	538.6	523.2	535.8	516.8	535.7	540.5
500kV 侧电压偏差	4.74%	7.72%	4.64%	7.16%	3.36%	7.14%	8.1%
220kV 侧电压（kV）	226.1	229.1	226.1	227.9	221.3	227.8	229.8
220kV 侧电压偏差	2.77%	4.13%	2.77%	3.59%	0.59%	3.54%	4.45%
66kV 侧电压（kV）	68.9	64.5	69.4	64.1	67.3	64.7	66
66kV 侧电压偏差	4.39%	−2.27%	5.15%	−2.87%	1.96%	−1.96%	0.0%
低压侧投无功补偿容量	360 电容器	120 电抗器	400 电容器	120 电抗器	360 电容器	60 电抗器	低压电抗器不投

由计算结果表 6-4 可知：

（1）当轻载小负荷方式，高、低压侧电抗器都不投入时，500kV 侧和 220kV 侧电压最高，500kV 侧电压偏差为 8.1%，220kV 侧电压偏差为 4.45%。

（2）采取三种调相方式，都能达到 500kV 侧、220kV 侧电压偏差在规程规定范围内，最大负荷、最小负荷电压波动不超过 4%；66kV 侧电压偏差在规程规定范围内；高压电抗器容量可调时，66kV 侧最大、最小负荷电压波动不超过 4%，高压电抗器容量不可调时，66kV 侧最大、最小负荷电压波动超过 5%达 8.02%，可见装可调高压电抗器好。

（3）装 120Mvar 高压电抗器与装 150Mvar 高压电抗器相比，对装 150Mvar 方案要多装 40Mvar 电容器。

（4）为了运行灵活和适应风电机组出力变化的不确定性，线路高压电抗器推荐采用 150Mvar 可控高压电抗器。

（二）调压计算

在高压电抗器为 120Mvar 条件下，改变变压器的变比，计算各种运行方式时变压器各侧电压计算结果见表 6-5。

表 6-5 调压计算（正常方式）（一）

主变压器变比	母线电压		大负荷方式	小负荷方式
525/230/66	变电站 500kV 侧	电压（kV）	520.4	536.0
		偏差	4.08%	7.2%
	变电站 220kV 侧	电压（kV）	228.5	232.1
		偏差	3.86%	5.5%
	变电站 66kV 侧	电压（kV）	65.7	62.4
		偏差	−0.45%	−5.4%
536/230/66	变电站 500kV 侧	电压（kV）	523.7	538.6
		偏差	4.74%	7.72%
	变电站 220kV 侧	电压（kV）	226.1	229.1
		偏差	2.77%	4.13%
	变电站 66kV 侧	电压（kV）	65.8	61.6
		偏差	−0.3%	−6.6%
550/230/66	变电站 500kV 侧	电压（kV）	528.2	539.5
		偏差	5.64%	7.9%
	变电站 220kV 侧	电压（kV）	223.5	223.8
		偏差	1.59%	1.72%
	变电站 66kV 侧	电压（kV）	66	60.1
		偏差	0.00%	−8.9%

在调相计算确定的高压电抗器为 150Mvar 可控高压电抗器条件下，改变变压器的变比，计算各种运行方式时变压器各侧电压计算结果见表 6-6。

表 6-6 调压计算（正常方式）（二）

主变压器变比	母线电压		大负荷方式	小负荷方式
525/230/66	变电站 500kV 侧	电压（kV）	512.9	534.2
		偏差	2.58%	6.84%
	变电站 220kV 侧	电压（kV）	223.3	230.4
		偏差	1.5%	4.72%

主变压器变比	母线电压		大负荷方式	小负荷方式
525/230/66	变电站 66kV 侧	电压（kV）	68	64.9
		偏差	3.03%	−1.66%
536/230/66	变电站 500kV 侧	电压（kV）	516.8	537.1
		偏差	3.36%	7.42%
536/230/66	变电站 220kV 侧	电压（kV）	221.3	227.4
		偏差	0.59%	3.36%
	变电站 66kV 侧	电压（kV）	67.3	63.9
		偏差	1.96%	−3.18%
550/230/66	变电站 500kV 侧	电压（kV）	521.4	544.3
		偏差	4.28%	8.86%
	变电站 220kV 侧	电压（kV）	218.6	226.3
		偏差	−0.63%	2.86%
	变电站 66kV 侧	电压（kV）	66.6	63.7
		偏差	0.9%	−3.48%

对表 6-5 进行分析可知：

（1）各种变比、各种运行方式，各侧电压偏差，都在规程规定允许范围内。

（2）大负荷方式下，主变压器送出有功功率为 2400MW 时，不仅系统电压低，而且变压器电压降也最大，小负荷方式下，主变压器送出有功功率为 500MW 时，不仅系统电压高（这是风电场的特殊性），而且变压器电压降也较小，两者电压偏的差值（即电压波动）较大，对 500kV 侧、220kV 侧都不超过 4%，对 66kV 侧电压偏差较大，达 4.95%～8.9%。

对表 6-6 进行分析可知：

（1）各种变比、各种运行方式，各侧电压偏差，都在规程规定允许范围内。

（2）大负荷方式下，主变压器送出有功功率为 2300MW 时，不仅系统电压低，而且变压器电压降也最大，小负荷方式下，主变压器送出有功功率为 500MW 时，不仅系统电压高（这是风电场的特殊性），而且变压器电压降也较小，两者电压偏的差值（即电压波动）较大，对 500kV 侧不超过 5%，对 220kV 侧都不超过 4%，对 66kV 不超过 5.14%。经比较，装 150Mvar 可调高压电抗器方案比装 120Mvar 方案电压偏差小，电压波动小，故推荐采用 150Mvar 可调高压电抗器。

综上所述，采用调相调压措施，尤其是采用可控高压电抗器后，开鲁变电站主变压器各侧电压满足有关规程规定，可选用普通变压器。经对各种变比计算结果分析，变比 536/230/66 的适应性比其他变比好，故主变压器变比采用 536/230±2×2.5%/66。

第二节　中型风电场接入 220kV 电网的调相调压计算❶

一、2007 年大连地区电网情况

大连地区电网位于辽东半岛的南端，也是东北电网的最南端。大连地区电网由大连南部电网（大连城网和旅顺电网）和大连北部电网（新区、金州区、瓦房店、普兰店、庄河等电网）构成。大连地区通过 500kV 渤海—南关岭线、500kV 渤海—金家线及 220kV 熊岳—万宝线与营口地区相连，通过 220kV 岫岩—庄河线及 220kV 丹东—庄河线与鞍山和丹东电网相连。

驼山风电场位于瓦房店市西北，规划建设的 500kV 瓦房店变电站西北 10km 左右处。根据瓦房店市电网规划，2010 年以后才能在瓦房店市北部，新建 220kV 阎店变电站和 220kV 夏屯变电站向瓦房店市北部供电。驼山风电场送电方向应直接送到 220kV 阎店变电站，风电场将电力直接送向用电负荷变电站，避免了风电场的电力在 220kV 电网迂回流动，可减少输电线路上的电能损失。

目前瓦房店市北部仅有 220kV 复州城变电站，驼山风电场本期（2008年）只能接入 220kV 复州城变电站。为实现驼山风电场远期向阎店变电站供电，风电场接入系统的输电线路的路径应照顾远期接入阎店变电站。

2007 年大连地区电网示意图如图 6-3 所示。

二、风电场接入系统方案

本期由风电场出 1 回导线截面为 LGJ-300 的 220kV 线路接入复州城变电站的 220kV 侧，其路径照顾到以后能接入阎店、瓦房店变电站。该线路由驼山风电场至阎店段导线截面积为 LGJ-300 的 220kV 线路，阎店以后为同塔双回导线截面积为 LGJ-300×2，方案见图 6-4。

当 2009 年前后 500kV 瓦房店变电站投入时，将驼山至复州城的 220kV 线 π 入瓦房店，形成驼山—瓦房店的 220kV 线和瓦房店—复州城的 220kV 线（这段导线均为 LGJ-300×2），将驼山风电场暂时接入 500kV 瓦房店变

---

❶ 本节调相调压计算内容均基于 2007 年大连地区电网情况。

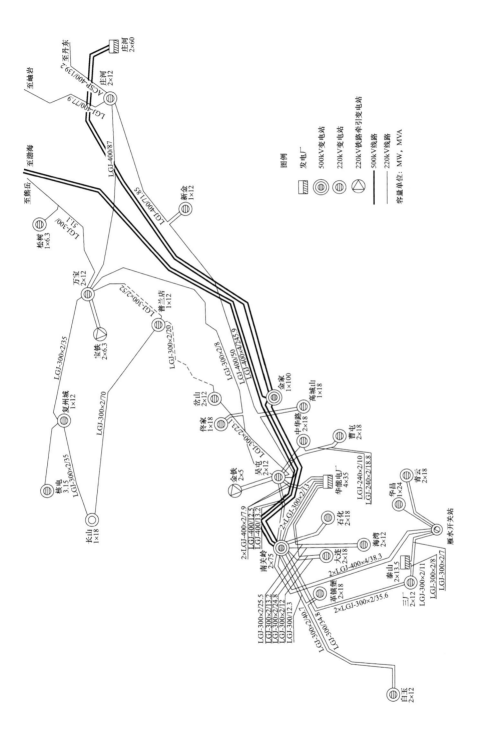

图 6-3　2007 年大连地区电网示意图

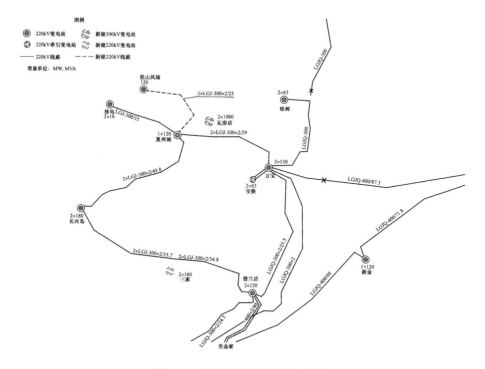

图 6-4 风电场接入系统方案图

电站 220kV 侧，复州城变电站改为由 500kV 瓦房店变电站直接供电；将万宝—复州城的 220kV 线 π 入 500kV 瓦房店变电站，并将原万宝—复州城的 220kV 线和复州城—长兴岛的 220kV 线对接形成瓦房店—长兴岛的 220kV 线，将长兴岛改为由 500kV 瓦房店变电站直接供电。此时电网结构图如图 6-5 所示。

当 2010 年以后建阎店和 220kV 夏屯变电站时，将驼山—瓦房店的 220kV 线 π 入 220kV 阎店变电站，形成瓦房店—阎店的 220kV 线（该段导线为 LGJ-300×2）把 220kV 阎店变电站直接接入 500kV 瓦房店变电站；而驼山风电场直接接入 220kV 阎店变电站，驼山—阎店的 220kV 线导线截面为 LGJ-300，驼山风电场 220kV 母线采用单母线结线，35kV 母线采用单母线结线。此时电网结构图如图 6-6 所示。

三、调相调压计算

为补偿风电场升压变电站主变压器的无功功率损失，在风电场升压变电站 35kV 母线上，装设 4 组 6Mvar 的电容器组。

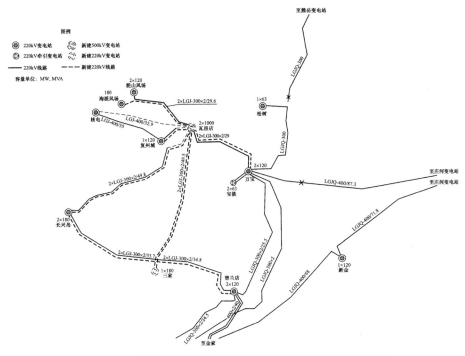

图 6-5 瓦房店 500kV 变电站投入后风电场接入系统方案

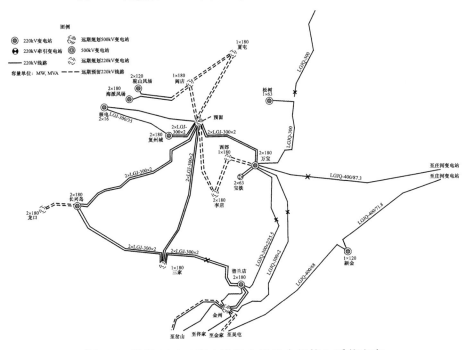

图 6-6 阎店 220kV 变电站投入后风电场接入系统方案

165

（一）调相计算

先按大负荷时把本变电站内 4 组 6Mvar 电容器先投入了 3 组为第一方案，4 组全投为第二方案，小负荷时将投入的电容器全部切除进行调相计算，结果见表 6-7。

表 6-7 　　　　　　　　　　　调相计算结果表

项目	大负荷运行方式		小负荷运行方式
	切除 3 组 6Mvar 电容器	投入 4 组 6Mvar 电容器	全部切除电容器
220kV 侧电压（kV）	220.702	220.786	226.16
220kV 侧电压偏差	0.32%	0.36%	2.80%
35kV 侧电压（kV）	34.805	35.144	34.743
35kV 侧电压偏差	−0.56%	0.41%	−0.73%
220kV 侧功率因数	0.96	0.96	0.97

为使大负荷正常运行方式下 220kV 侧功率因数达到 0.95 及以上，投入 4 组 6Mvar 电容器时，220kV 侧电压为 220.786kV，电压偏差为 0.36%，35kV 侧电压为 35.144kV，电压偏差为 0.41%：小负荷运行方式 220kV 侧电压为 226.16kV，电压偏差为 2.8%，35kV 侧电压为 34.743kV，电压偏差为 −0.73%。

投入 3 组 6Mvar 电容器时，220kV 侧电压为 220.702kV，电压偏差为 0.32%，35kV 侧电压为 34.805kV，电压偏差为 −0.56%：小负荷运行方式 220kV 侧电压为 226.16kV，电压偏差为 2.8%，35kV 侧电压为 34.743kV，电压偏差为 −0.73%。

两种调相效果相差不大，但考虑到投切 4 组方案能提高电网运行电压，减少电网网损，故推荐采用投切 4 组方案，作为本次调相方案。

（二）调压计算

在调相计算基础上，投入 4 组 6Mvar 电容器，改变变压器的变比，计算各种变比时变压器各侧电压，计算结果列入表表 6-8 内。

表 6-8 　　　　　　　　　　　调相计算结果表

主变压器变比	母线电压		冬大方式			冬小方式		
			正常	断复州城—万宝线	断复州城—长山线	正常	断复州城—万宝线	断复州城—长山线
242/35	驼山变电站 220kV 侧	电压（kV）	220.549	220.167	222.295	226.147	226.086	226.602
		偏差	0.25%	0.08%	1.04%	2.79%	2.77%	3.00%

续表

主变压器变比	母线电压		冬大方式			冬小方式		
			正常	断复州城—万宝线	断复州城—长山线	正常	断复州城—万宝线	断复州城—长山线
242/35	驼山变电站35kV侧	电压（kV）	33.572	33.516	33.827	33.203	33.195	33.268
		偏差	−4.08%	−4.24%	−3.35%	−5.13%	−5.16%	−4.95%
231/35	驼山变电站220kV侧	电压（kV）	220.786	220.646	222.579	226.16	226.112	226.617
		偏差	0.36%	0.29%	1.17%	2.80%	2.78%	3.01%
	驼山变电站35kV侧	电压（kV）	35.144	35.122	35.418	34.743	34.736	34.812
		偏差	0.41%	0.35%	1.19%	−0.73%	−0.75%	−0.54%
220/35	驼山变电站220kV侧	电压（kV）	221.053	221.187	222.9	226.172	226.136	226.632
		偏差	0.48%	0.54%	1.32%	2.81%	2.79%	3.01%
	驼山变电站35kV侧	电压（kV）	36.879	36.901	37.177	36.438	36.433	36.511
		偏差	5.37%	6.22%	4.11%	4.11%	4.09%	4.32%

在调相调压计算基础上，选取调压计算结果表 6-7 及表 6-8 中各种运行方式电压偏差最小的主变压器变比（例如 231/35），计算主变压器接近空载小负荷运行方式，此时系统电压高、变压器电压降也小，故变压器高压侧电压高；再计算主变压器满载大负荷故障运行方式，此时系统电压低、变压器电压降也大，故变压器高压侧电压低，将计算出的主变压器各种电压侧的电压列入表 6-9 内。

表 6-9　　　　　　　　主变压器变比为 231/35 的计算表

序号	220kV 主变压器各侧电压 U_1		主变压器接近空载时（小负荷运行方式）	主变压器满载时（大负荷运行方式）	空载与满载之差
1	220kV 侧	电压（kV）	226.16	220.646	2.51%
		偏差	2.8%	0.29%	
2	35kV 侧	电压（kV）	34.743	35.122	1.08%
		偏差	−0.73%	0.35%	

由表 6-7 知，各种运行方式当变压器变比固定，驼山变电站 220kV 侧电

压偏差在 0.08%～3.0%间变化，电压波动偏差不超过 3%；35kV 侧电压电压波动偏差 2.2%，都在规程规定范围内。

由表 6-8 知，各种运行方式当变压器变比固定，驼山变电站 220kV 侧电压偏差在 0.98%至 5.47%间变化，电压波动偏差不超过 5%；35kV 侧电压电压波动偏差 2.3%，都在规程规定范围内。

由表 6-9 知，经过调相调压计算，驼山风电场 220kV 和 35kV 侧电偏差都在允许范围内，各种运行方式电压波动也在允许范围内，可采用普通变压器。但考虑到风电场升压变压器的特殊性，以及今后系统运行对运行电压变化（波动）要求的提高，采用有载调压变压器可带负荷调节电压（能够自动调整电压），可在各种运行方式都能保持不变。基于上述理由，推荐本变电站 220kV 变压器采用有载调压变压器。

第三节　小型风电场接入 110（66）kV 电网的调相调压计算❶

一、2009 年交流岛电网情况

交流岛在瓦房店市区西南 51km 的渤海海域，位于辽宁省大连瓦房店市西南端的渤海湾畔，目前地区内仅拥有用户 66kV 变电站 1 座，即五岛 66kV 变电站（1×5MVA），T 接在 66kV 长谢右线上，由长山 220kV 变电站供电。2007 年 5 月 24 日，大连市委、市政府决定把交流岛乡管辖的西中岛、凤鸣岛、交流岛、骆驼岛纳入工业区统一开发建设，成为长兴岛临港工业区重要组成部分。目前大连交流岛地区正处在开发招商的起始阶段，因此，交流岛地区负荷仍然较小，最大负荷约为 4MW。

长兴岛位于交流岛北部，区内目前有 220kV 变电站 1 座，通过 220kV 复州城—长山线从 220kV 电网受电，经长山变电站（变电容量 2×180MVA），以 66kV 向长兴岛地区供电；地区现有 66kV 公用变电站 4 座：长兴岛 66kV 变电站（2×10MVA）、横山 66kV 变电站（20＋16＋3.15MVA）、兴源 66kV 变电站（2×63MVA）和塔山 66kV 变电站（2×63MVA）；用户变电站 7 座：天瑞 66kV 变电站（1×40MVA）、重工 1 66kV 变电站（1×30MVA）、重工 2 66kV 变电站（1×30MVA）、造船 66kV 变电站（1×30MVA）、精工 66kV 变电站（1×30MVA）、发动机 66kV 变电站（15＋30MVA）和海洋 1 66kV 变电站（1×30MVA）。并有横山风电场 1 座（7.4MW）。目前岛内 11 座 66kV 变电站均由长山 220kV 变电站供电。

2009 年交流岛及周边地区 66kV 电网示意图详见图 6-7。

---

❶ 本节调相调压计算内容均基于 2009 年交流岛及周边地区 66kV 电网情况。

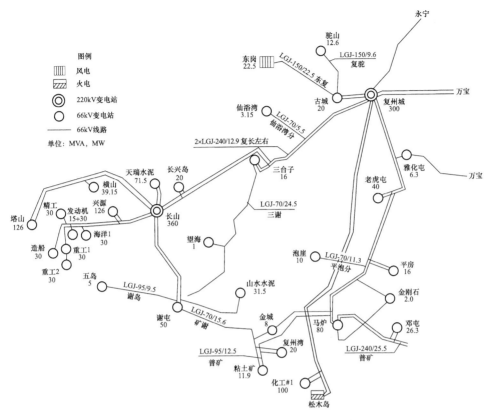

图 6-7　2009 年交流岛周边 66kV 电网示意图

二、风电场接入系统方案

根据交流岛供电的需要，计划 2010 年建成凤鸣岛 66kV 变电站和长山—凤鸣岛的双回 66kV 输电线路。

西中岛风电场可接入现有谢屯 66kV 变电站，也可接入计划建设的凤鸣岛 66kV 变电站，而现有五岛 66kV 变电站距风电场虽近，但因五岛变电站为用户变电站而不能接入。

远期在西中岛风电场与凤鸣岛 66kV 变电站间，规划建设交流岛 3 号 220kV 变电站，但由于站址没定，只能留有远期风电场接入交流岛 3 号 220kV 变电站的可能性。

根据电网现状、近期及远期规划，以及西中岛风电场装机容量和地理位置综合考虑，拟订西中岛风电场接入系统方案如下：西中岛风电场通过 1 回 66kV 线路，T 接在拟建的 66kV 长凤线上，前段线路采用同塔双回 LGJ-400×2 导线、长度 6km，本期挂单回（预留远期接入交流岛 3 号 220kV 变电站用），后段采用 LGJ-300 导线、长度 2km（作为中西岛风电场送出线用）。风电场 66kV 采用线路变压器组接线，35kV 母线采用单母线。西中岛风电场接入系统方案如图 6-8 所示。

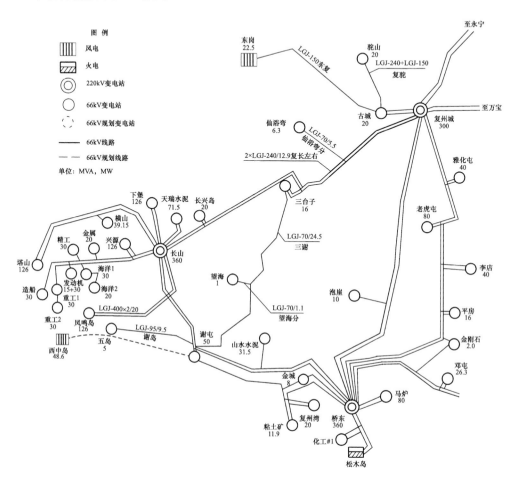

图 6-8　西中岛风电场接入系统方案

三、调相调压计算

为补偿风电场升压变电站主变压器的无功功率损失，在风电场升压变电站 35kV 母线上，装设 2 组 5Mvar 的电容器组。

（一）调相计算

在风电场变电站升压变压器变比固定为 65.6/35 条件下，先按大负荷时把本变电站内 1×5Mvar 电容器全部投入，小负荷时将电容器全部切除进行调相计算称方案 1；大负荷时把本变电站内 2×5Mvar 电容器全部投入，小负荷时将电容器全部切除进行调相计算称方案 2，计算结果列入表

6-10 内。

表 6-10 　　　　　　　　　　调相计算结果表

项目	大负荷运行方式		小负荷运行方式
	切除 1 组 5Mvar 电容器	投入 2 组 5Mvar 电容器	全部切除电容器
66kV 侧电压（kV）	66.2	66.5	70.13
66kV 侧电压偏差	0.30%	0.76%	6.26%
35kV 侧电压（kV）	34.8	35.3	37
35lkV 侧电压偏差	− 0.57%	0.86%	− 4.67%
66kV 侧功率因数	0.965	0.97	0.98

　　为使大负荷正常运行方式下 66kV 侧功率因数达到 0.95 及以上，经计算，投入 2 组 5Mvar 电容器时，66kV 侧电压为 66.5kV，电压偏差为 0.76%；35kV 侧电压为 35.3kV，电压偏差为 0.86%；投入 1 组 5Mvar 电容器时，66kV 侧电压为 66.2kV，电压偏差为 0.30%；35kV 侧电压为 34.8kV，电压偏差为−0.57%。两种调相效果相差不大，但考虑到投切 2 组 5Mvar 电容器方案能提高电网运行电压，减少电网网损，故推荐采用投切 2 组方案，作为本次调相方案。

　　（二）调压计算

　　在调相计算确定投入 2 组 5Mvar 电容器基础上，改变变压器的变比，计算变压器各种变比时变压器各侧电压，将计算结果列入表表 6-11 内。

表 6-11 　　　　　　　　　　调相计算结果表

主变压器变比	母线电压		冬大方式			冬小方式		
			正常	断瓦复线	瓦房店主变压器退出	正常	断瓦复线	瓦房店主变压器退出
69/35	升压变压器 66kV 侧	电压（kV）	66.3	65.9	65.2	70.13	69.9	69.6
		偏差	0.45%	− 0.15%	− 1.2%	6.25%	5.9%	5.45%
	升压变压器 35kV 侧	电压（kV）	33.6	33.4	33	35.3	35.2	35.0
		偏差	− 4%	− 4.57%	− 5.7%	0.8%	0.57%	0.0%
67.3/35	升压变压器 66kV 侧	电压（kV）	66.3	65.9	65.2	70.13	69.9	69.6
		偏差	0.45%	− 0.15%	− 1.21%	6.25%	5.9%	5.45%
	升压变压器 35kV 侧	电压（kV）	34.4	34.2	33.8	36.1	36.0	35.8
		偏差	− 1.7%	− 2.28%	− 3.42%	3.14%	2.85%	2.28%

主变压器变比	母线电压		冬大方式			冬小方式		
			正常	断瓦复线	瓦房店主变压器退出	正常	断瓦复线	瓦房店主变压器退出
65.6/35	升压变压器66kV侧	电压（kV）	66.3	65.9	65.2	70.13	69.9	69.6
		偏差	0.45%	−0.15%	−1.21%	6.25%	5.9%	5.45%
	升压变压器35kV侧	电压（kV）	35.3	35.1	34.7	37.0	36.9	36.7
		偏差	0.85%	0.28%	−0.08%	5.7%	5.42%	4.8%

由表 6-11 知，冬大、冬小运行方式变压器各电压侧电压偏差都在允许范围内。

在调相计算基础上，选取表 6-11 中各种运行方式电压偏差最小的主变压器变比（例如 65.6/35），再计算主变压器接近空载小负荷运行方式、主变压器满载时大负荷运行方式（无功补偿设备按表 6-11 计算值），计算出主变压器各种电压侧的电压列入表 6-12 内。由表 6-12 知，主变压器空载与满载时，各侧电压偏差都在允许范围内，而最大电压偏差的差值（即电压波动）为 8.03%。

表 6-12   大负荷方式满载与小负荷方式空（轻）载调压计算

序号	66V 主变压器各侧电压 U_1		主变压器接近空载时（小负荷运行方式时）	主变压器满载时（大负荷运行方式时）	空载与满载之差
1	66kV 侧	电压（kV）	70.5	65.2	
		偏差	6.82%	−1.21%	8.03%
2	35kV 侧	电压（kV）	37.4	34.7	
		偏差	6.86%	−0.86%	7.71%

注   取表 6-11 中冬大方式瓦房店 1 台主变压器退出时，电压偏差最大，再进行主变压器满载时电压偏差计算。

由表 6-11 和表 6-12 知，各种运行方式变压器高压侧电压偏差之差为 8.03%，低压侧电压偏差之差为 7.71%，说明电压变化不大，可采用普通变压器。但考虑到风电场升压变压器的特殊性，又考虑到今后系统运行对运行电压变化（波动）要求的提高，采用有载调压变压器可带负荷调节电压（能够自动调整电压），可在各种运行方式都能保持不变。基于上述理由，推荐本变电站 66kV 变压器采用有载调压变压器。

第七章
太阳能发电站的调相调压计算

【提要】 太阳光辐射强度越大,光伏电站的出力越大,随着太阳的东升西落,每天光伏电站的出力大致呈抛物线状,最大出力一般出现在中午 11～13 时(各时区的时间会有所变化)。电力系统日负荷曲线,最大值出现在 10 时或 18 时,故对太阳能光伏发电站按 10 时～11 时出力最大进行调相调压计算;而凌晨 2～4 时太阳能光伏发电站出力为零,为太阳能光伏发电站小负荷运行方式。根据 GB/T 29321—2012《光伏发电站无功补偿技术规范》以及国家电网公司和南方电网公司的规程规范要求,光伏电站应充分利用并网逆变器的无功容量及调节能力,当并网逆变器的无功容量不能满足接入电力系统电压调节要求时,应在光伏电站配置静止无功负荷补偿装置。考虑到占地面积和装机容量,光伏发电站逆变器升压后经 10kV(35kV)汇集线路直接接入 500kV 变电站的可能性非常小,目前太阳能光伏发电站,接入电力系统电压为 35kV、66kV,最高为 220kV。

将太阳能转换成热能的太阳能发电站的升压变电站,其发电过程与火力发电厂相同,故调压计算与火电厂调压计算相同。另外一种是太阳能光伏发电站的升压变电站调压计算,由于光伏发电器旁逆变器装有静止无功负荷补偿装置,所发无功的功率因数为±0.95,故光伏发电站的调相调压计算与火力发电厂的调相调压计算相似,可参见本书第一章第一节相关内容。

接入各级电压电网的太阳能光伏发电站的升压变电站,一般通过 1 回以上输电线路向电力系统送电。

太阳能光伏发电站升压变电站的调相计算,分大负荷运行方式和小负荷运行方式两种。大负荷运行方式太阳能光伏发电站向电力系统送的有功功率最大(太阳能光伏发电站出力按 100%计算),故在输电线路上和变压器上的电压降最大,太阳能光伏发电站及与电力系统相连接的变电站电压低。为保持太阳能光伏发电站升压变电站及与电力系统相连接的变电站各侧电压变化不大，对接入 220kV 及以下电压的太阳能光伏发电站升压变电站，大负荷方式投入太阳能光伏发电站升压变电站内的静电电容器或静止无功负荷补偿装置的容性出力，使其电压升高达到正常标准为止。

小负荷运行方式下，太阳能光伏发电站向电力系统输送的有功功率最少（太阳能光伏发电站出力按 0%计算），故在输电线路上和变压器上的电压降最小，太阳能光伏发电站升压变电站与电力系统相连接的变电站电压高。为保持太阳能光伏发电站升压变电站各侧电压变化不大，对接入 220kV 及以下电压的太阳能光伏发电站升压变电站，小负荷方式下，切除太阳能光伏发电站升压变电站内的静电电容器或静止无功负荷补偿装置的容性出力，使其电压达到正常标准为止。无功补偿装置由静电电容器改为静止无功负荷补偿装置后，其无功功率能根据电压变化的需要自动调节无功功率，其效果与发电机发无功功率一样，届时调相计算与火电厂调相计算相同。

太阳能光伏发电站升压变电站大负荷故障方式电压最低，小负方式主变压器空载时电压最高。经对太阳能光伏发电站升压变电站调相计算，确定出太阳能光伏发电站升压变电站各种运行方式投入与切除无功补偿设备的容量。在电网调相计算的同时，该电网的电压已经得到了改善。但向太阳能光伏发电升压变电站供电的二次电网的电压波动，可能仍较大。为此在调压相计算确定出的大负荷运行方式投入静电电容器（或切除电抗器）容量，小负荷运行方式切除静电电容器（或投入电抗器）容量基础上，再改变太阳能光伏发电站升压变压器的变比，为找出极限，再计算出大负荷故障方式（此时电压低），小负变压器空载（此时电压高）运行方式的调相调压计算结果，从计算中找出二次网电压波动最小的主变压器变比。

实际上是 10 时～15 时太阳能发电站出力最大，冬季 15 时起出力大大降低，17 时夏天接近为零。太阳能发电站出力变化与电网负荷曲线变化不相吻合。太阳能发电站出力无论怎样变化，都在我们计算的范围内。

调压计算的目的是确定主变器是选择普通变压器，还是选择有载（带负荷）调压变压器，和主变压器的变比，以及变电站应装设的无功补偿容量和可投切容量。

第一节　光伏电站接入 220kV 电网的调相调压计算❶

一、光伏电站接入系统方案

（一）2015 年光伏电站接入的东延地区电网概况

东延地区电网位于东中省电网的东部，北接东黑电网，西通东吉地区电

---

❶　本节调相调压计算内容均基于 2015 年东延地区电网情况。

网。东延地区电网与东黑电网经 500kV 海安线相连；与东吉地区电网经 500kV 安东 1 号线、220kV 河化线相连，东延地区现有电压为 500kV 的安敦变和 500kV 吉北变电站，分别装设 750MVA 的 500/220kV 变压器各 2 组。两座 500kV 变电站间经双回 500kV 线相连，任何 500kV 线路故障，均能保证地区 500kV 电网不与东北 500kV 电网解列。

东延地区 220kV 电网已形成以安敦 500kV 变电站、吉北 500kV 变电站为支撑点，安敦变电站—化东—月图—兰井—市西变电站—市东变电站—安敦变电站的 220kV 环网和吉北变电站—市西变电站—市东变电站—江们变电站—春边电厂—靖春—吉北变电站的两个 220kV 大环网结构；敦塔变电站以单回 220kV 线路接入安敦变电站，清山变电站以双回 220kV 线路接入江们变电站，甄龙变电站以双回 220kV 线路接入兰井变电站，以及 500kV 与 220kV 的坚强电磁环网结构。

装机容量为 60MW 的水江电站以单回 220kV 线，接入 220kV 化东变电站；装机容量为 60MW 的市热电厂，以双回 220kV 线接入 220kV 市东变电站；装机容量为 600MW 的春边电厂，以 4 回 220kV 线接入 500kV 吉北变电站和 220kV 江们变电站。

2015 年东延地区 220kV 及以上电网示意图见图 7-1。

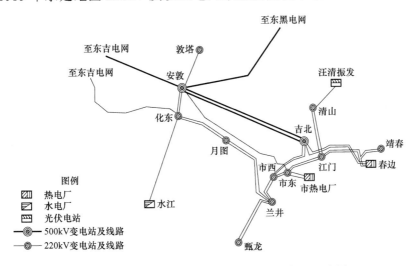

图 7-1　2015 年东延地区 220kV 及以上电网示意图

（二）光伏电站建设规模及接入系统方案

本项目光伏电站总装机 200MW，本期工程建设 100MW，2015 年底建成投运。

光伏电站场址位于东延地区清山变电站东北部，直线距离约 17km 处，考虑东延地区电网的电网现况及发展规划，本项目以 220kV 电压等级接入清山变电站，新建 220kV 单回线路长度约 20km，线路导线截面选择 240mm^2，接入系统方案如图 7-2 所示。

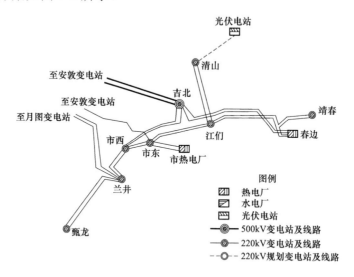

图 7-2　光伏电站接入系统方案示意图

光伏电站的硅晶板转化的光伏电力经逆变器后，升压至 35kV，再经过汇集线路送至 220kV 升压变电站。升压站规划建设 2 台 100MVA 主变压器，本期工程建设 1 台；220kV 侧电气主接线采用单母线接线，本期一次建成；35kV 侧电气主接线采用单母分段接线（不设分段断路器），本期建设单母线接线。

（三）本工程无功补偿配置

本工程无功补偿配置原则如下：

（1）光伏电站的无功电源包括光伏并网逆变器和光伏电站无功补偿装置。

（2）光伏电站应充分利用并网逆变器的无功容量及调节能力，当并网逆变器的无功容量不能满足系统电压调节要求时，应在光伏电站配置无功补偿装置。

（3）光伏电站的无功容量应满足分（电压）层和分（供电）区平衡的基本原则，无功补偿容量应在充分考虑优化调压方式及降低线损的原则下进行配置，并满足检修备用要求。

（4）光伏并网逆变器的输出有功功率为 0～100% 时，光伏并网逆变器功率因数应能在超前 0.95～滞后 0.95 范围内连续可调。

（5）配置的容性无功补偿容量能够补偿光伏电站满发时站内汇集线路、主变压器感性无功及光伏电站送出线路的一半感性无功之和；配置的感性无功补偿容量能够补偿光伏发电站自身的容性充电功率及光伏电站送出线路一半充电功率之和。

（6）光伏电站无功补偿容量按本期装机 100MW 计算。本工程需配置无功补偿容量按终期方案计算见表 7-1。

表 7-1　　　　　　　　　　　无功补偿计算表　　　　　　　　　Mvar

容性无功（光伏电站 100%出力）		
220kV 送出线路（补偿 50%）	线路无功损耗	0.8
电站升压主变压器无功损耗（含励磁无功）		13.5
电站分裂变压器无功损耗		10.2
站内汇集线路	线路无功损耗	0.4
逆变器	容性无功调节能力	31.2
容性无功缺额	考虑逆变器　　　容性	−6.3
	不考虑逆变器　　容性	24.9
感性无功（光伏电站 0%出力）		
220kV 送出线路（补偿 50%）	线路充电功率	1.4
站内汇集线路	线路充电功率	1.7
逆变器	感性无功调节能力	31.2
感性无功缺额	考虑逆变器　　　感性	−28.1
	不考虑逆变器　　感性	3.1

注　表中数据只为体现逻辑关系，无功数值不作为工程设计的参考。

由表 7-1 可知，在不考虑逆变器的无功容量及调节能力时，本工程需配置不少于 24.9Mvar 的容性无功和 3.1Mvar 的感性无功，需具备动态无功调节能力，以满足补偿的需要。

在计及逆变器的无功容量及调节能力时，本工程无需配置容性无功和感性无功。

二、光伏电站接入 220kV 系统的调相计算

光伏电站接入系统的调相计算，主要是为了验证在电压合格时，配置的无功容量能不能满足要求。

以 2015 年为计算水平年，根据地区的光伏电站出力特性及负荷特性，采用夏大和冬小运行方式，进行调相计算。光伏电站升压站主变压器变比选取 230/35，计算时，选取 220kV 清山变电站—江们变电站双回为正常方式，220kV 清山变电站—江们变电站单回线路为故障方式，调相计算结果见表 7-2 和表 7-3。

表 7-2　　　　　　　　　　夏大方式调相计算结果表

光伏电站出力	运行方式	220kV 母线		35kV 母线		220kV 线路出口		220kV 线路出口功率因数	补偿的无功容量（Mvar）
		电压（kV）	偏差	电压（kV）	偏差	P（MW）	Q（Mvar）		
0	正常方式	230.4	4.73%	35.6	1.71%	0	0	1	−2.8
	故障方式	230.1	4.59%	35.5	1.43%	0	0	1	−2.8
100%	正常方式	230.2	4.64%	35.5	1.43%	89	0.8	1	21
	故障方式	229.8	4.45%	35.4	1.14%	89	0.7	1	21

表 7-3　　　　　　　　　　冬小方式调相计算结果表

光伏电站出力	运行方式	220kV 母线		35kV 母线		220kV 线路出口		220kV 线路出口功率因数	补偿的无功容量（Mvar）
		电压（kV）	偏差	电压（kV）	偏差	P（MW）	Q（Mvar）		
0	正常方式	231.6	5.27%	36.4	4.00%	0	0	1	−3
	故障方式	231.4	5.18%	36.3	3.71%	0	0	1	−3
100%	正常方式	231.4	5.18%	36.3	3.71%	82	0.8	1	16
	故障方式	231.2	5.09%	36.2	3.43%	82	0.7	1	16

注　考虑光照强度，冬季出力较夏季小。

由表 7-2 可知，夏大运行方式下，升压变压器变比为 230/35，主变压器高压侧功率因数为 1 时，补偿 2.8（感性）～21（容性）无功时，220kV 侧故障方式最低电压为 229.8kV，电压偏差为 4.45%；35kV 侧故障方式最低电压为 36.2kV，电压偏差为 3.43%；满足电压偏差的规定。

由表 7-3 可知，冬小运行方式下，升压变压器变比为 230/35，主变压器高压侧功率因数为 1 时，补偿 3（感性）～16（容性）无功时，小负荷方式光伏电站出力为零时，220kV 侧电压最高为 231.6kV 电压偏差为 5.27%（比表 7-2 中都高）；35kV 侧电压最高为 36.4kV 电压偏差为 4.00%（比表 7-2 中都高）。

大负荷故障方式光伏发电站电压最低值，而小负荷光伏发电站出力为零时光伏发电站电压最高，这样找出光伏发电站电压变化极限，而此时光伏发电站电压变化没超过 GB 12325—2008《电能质量供电电压允许偏差》规定"发电厂和 220kV 变电站的 35～110kV 母线，正常运行方式时，电压允许偏差为系统额定电压的 3%～7%；事故方式时为系统额定电压的−10%～10%的值。由此可知，本工程的无功配置能够满足光伏电站的调相要求。

三、光伏电站接入 220kV 系统的调压计算

光伏电站接入系统的调压计算，主要是为了选择合理的升压变压器变比。

以 2015 年为计算水平年，采用夏大和冬小运行方式进行调压计算。光伏电站升压站主变压器变比分别按 220/35、230/35、242/35 考虑，计算选取 220kV 清山变电站—江们变电站双回为正常方式，220kV 清山变电站—江们变电站单回线路为故障方式，调压计算结果见表 7-4～表 7-6。

表 7-4　　　　　　　　变比为 **220/35** 的调压计算结果表

负荷方式	光伏电站出力	运行方式	220kV 母线		35kV 母线		补偿的无功容量（Mvar）
			电压（kV）	偏差	电压（kV）	偏差	
夏大方式	0	正常方式	230.4	4.73%	35.6	1.71%	−2.8
		故障方式	230.1	4.59%	35.5	1.43%	−2.8
	100%	正常方式	230	4.55%	35.8	2.29%	20
		故障方式	229.7	4.41%	35.7	2.00%	20
冬小方式	0	正常方式	231.6	5.27%	36.4	4.00%	−3
		故障方式	231.4	5.18%	36.3	3.71%	−3
	100%	正常方式	231.3	5.14%	36.6	4.57%	15
		故障方式	231.1	5.05%	36.5	4.29%	15

表 7-5　　　　　　　　变比为 **230/35** 的调压计算结果表

负荷方式	光伏电站出力	运行方式	220kV 母线		35kV 母线		补偿的无功容量（Mvar）
			电压（kV）	偏差	电压（kV）	偏差	
夏大方式	0	正常方式	230.4	4.73%	35.6	1.71%	−2.8
		故障方式	230.1	4.59%	35.5	1.43%	−2.8
	100%	正常方式	230.2	4.64%	35.5	1.43%	21
		故障方式	229.8	4.45%	35.4	1.14%	21
冬小方式	0	正常方式	231.6	5.27%	36.4	4.00%	−3
		故障方式	231.4	5.18%	36.3	3.71%	−3
	100%	正常方式	231.4	5.18%	36.3	3.71%	16
		故障方式	231.2	5.09%	36.2	3.43%	16

表 7-6　　　　　　　　变比为 **242/35** 的调压计算结果表

负荷方式	光伏电站出力	运行方式	220kV 母线		35kV 母线		补偿的无功容量（Mvar）
			电压（kV）	偏差	电压（kV）	偏差	
夏大方式	0	正常方式	230.4	4.73%	35.6	1.71%	−2.8
		故障方式	230.1	4.59%	35.5	1.43%	−2.8

负荷方式	光伏电站出力	运行方式	220kV 母线		35kV 母线		补偿的无功容量（Mvar）
			电压（kV）	偏差	电压（kV）	偏差	
夏大方式	100%	正常方式	231	5.00%	35.1	0.29%	23
		故障方式	230.7	4.86%	35	0.00%	23
冬小方式	0	正常方式	231.6	5.27%	36.4	4.00%	−3
		故障方式	231.4	5.18%	36.3	3.71%	−3
	100%	正常方式	232.3	5.59%	36.1	3.14%	18
		故障方式	232.1	5.50%	36	2.86%	18

由表 7-4 可知，升压变压器变比为 220/35 时，夏大、冬小运行方式下，220kV 的电压运行在 229.7～231.6kV，电压偏差为 4.41%～5.27%；35kV 的电压运行在 35.7～36.4kV，电压偏差为 2.00%～4.00%，满足电压偏差的规定。

由表 7-5 可知，升压变压器变比为 230/35 时，夏大、冬小运行方式下，220kV 的电压运行在 229.8～231.6kV，电压偏差在 4.45%～5.27%；35kV 的电压运行在 35.4～36.4kV，电压偏差为 1.14%～4.00%，满足电压偏差的规定。

由表 7-6 可知，升压变压器变比为 220/35 时，夏大、冬小运行方式下，220kV 的电压运行在 230.7～231.6kV，电压偏差为 4.86%～5.27%；35kV 的电压运行在 35.0～36.4kV，电压偏差为 0～4.00%；满足电压偏差的规定。

由上述结果可知，光伏电站升压变压器 220kV 电压运行在 230kV 附近，故可采用升压变压器变比为 230±2×2.5%/35 的普通变压器，但考虑到地区新建的 220kV 变电站主变压器，均采用 220±8×1.25%/66 的有载调压变压器，考虑到光伏电站主变压器调压能力与特性与地区电网相适应，又考虑光伏电站出力变化的特性，为提高地区电网调压能力与水平推荐采用 230±8×1.25%/35 的主变压器。

第二节　光伏电站接入 66kV 电网的调相调压计算[❶]

一、光伏电站接入系统方案

（一）2016 年光伏电站接入的莫格县电网概况

莫格县 66kV 电网位于哲东地区电网的北部，主要由 220kV 莫格变电站为辐射状电网供电。220kV 莫格变电站现有 2 台 120MVA 主变压器，220kV 出线 4 回，电气主接线为双母带旁路接线；66kV 出线 9 回，电气主接线为双母带旁路接线方式。莫格变电站通过 3 回 66kV 联络线与哲乔 220kV 变电站相连。

---

❶ 本节调相调压计算内容均基于 2016 年莫格县电网情况。

莫格变电站供电区内共有 66kV 变电站 25 座，总容量为 378.72MVA，其中 66kV 城网变电站 3 座（安常电站变、湖南变电站、光华变电站），总容量为 114.5MVA；农网变电站 14 座（昭喜变电站、莫南变电站、平建变电站、屏东变电站、途坦变电站、根什变电站、沙白变电站、泡黑变电站、莫镇变电站、屯北变电站、湖边变电站、格南变电站、六树变电站、江海变电站），容量为 150MVA；用户变 9 座（方圪变电站、新二变电站、泰来变电站、五家变电站、岱山变电站、台英变电站、联合变电站、赟压变电站、沙洋变电站），容量为 114.22VA。

装机容量为 98.9MW 的莫西风电场，以双回 66kV 线，接入 220/66kV 变电站的 66kV 侧；装机容量为 60MW 的生物质电厂以双回 66kV 分别 T 接在 220/66kV 莫格变电站的两回 66kV 出线上；装机容量为 10MW 的大源光伏发电站，以 66KV 接入莫南变电站，装机容量为 20MW 的豪议光伏发电站，以 66kV T 接莫格变电站 66kV 出线上，装机容量为 10MW 的中能光伏发电站，以 66kV T 接莫格变电站 66kV 出线上，风电场、生物质电厂和光伏发电站总容量为 198.9MW。

2016 年莫格县 66kV 电网地理位置见图 7-3。

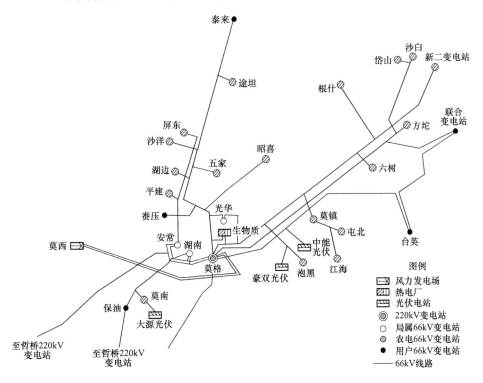

图 7-3　2016 年莫格县 66kV 电网示意图

（二）光伏电站建设规模及接入系统方案

本项目光伏电站总装机 30MW，本期工程建设 20MW，2016 年底建成投运。

光伏电站场址位于莫格县西部，距离莫格县约 6km 处。电站装机较小，考虑莫格县电网的电网现况及发展规划，本项目以 66kV 电压等级接入莫格变电站，新建 220kV 单回线路长度约 8km，线路导线截面选择 150mm^2。接入系统方案如图 7-4 所示。

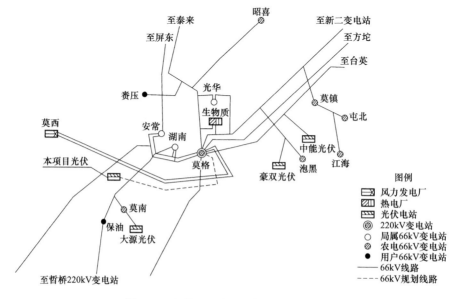

图 7-4　光伏电站接入系统方案示意图

光伏电站，硅晶板转化的光伏电力经逆变器后，升压至 10kV，再经过汇集线路送至 66kV 升压变电站。升压站规划建设 1 台 31.5MVA 主变压器，本期工程建设 1 台；66kV 侧电气主接线本期及远期均采用线变组接线；10kV 侧电气主接线本期及远期均采用单母线接线。

（三）本工程无功补偿配置

本工程无功补偿配置原则如下：

（1）光伏电站的无功电源包括光伏并网逆变器和光伏电站无功补偿装置。

（2）光伏电站应充分利用并网逆变器的无功容量及调节能力，当并网逆变器的无功容量不能满足系统电压调节要求时，应在光伏电站配置无功补偿装置。

（3）光伏电站的无功容量应满足分（电压）层和分（供电）区平衡的基本原则，无功补偿容量应在充分考虑优化调压方式及降低线损的原则下进行配置，并满足检修备用要求。

（4）光伏并网逆变器的输出有功功率为 0～100%时，光伏并网逆变器功率因数应能在超前 0.95～滞后 0.95 范围内连续可调。

（5）通过 110（66）kV 及以上电压等级接入公共电网的光伏发电站，其配置的容性无功补偿容量能够补偿光伏电站满发时站内汇集线路、主变压器感性无功及光伏电站送出线路的一半感性无功之和，其配置的感性无功补偿容量能够补偿光伏发电站自身的容性充电功率及光伏电站送出线路一半充电功率之和。

（6）光伏电站无功补偿容量按光伏电站最终容量 30MW 计算。

本工程需配置无功补偿容量按终期方案计算见表 7-7。

表 7-7　　　　　　　　　　　无功补偿计算表　　　　　　　　　Mvar

容性无功（光伏电站 100%出力）		
66kV 送出线路（补偿 50%）	线路无功损耗	1.44
电站升压主变压器无功损耗（含励磁无功）		4.26
电站分裂变压器无功损耗		3.23
站内汇集线路	线路无功损耗	0.12
逆变器	容性无功调节能力	9.4
容性无功缺额	考虑逆变器	容性	-0.35
	不考虑逆变器	容性	9.05
感性无功（光伏电站 0%出力）		
66kV 送出线路（补偿 50%）	线路充电功率	0.32
站内汇集线路	线路充电功率	0.54
逆变器	感性无功调节能力	9.4
感性无功缺额	考虑逆变器	感性	−8.54
	不考虑逆变器	感性	0.86

注　表中数据只为体现逻辑关系，无功数值不作为工程设计的参考。

由表 7-7 可知，在不考虑逆变器的无功容量及调节能力时，本工程需配置不少于 9.05Mvar 的容性无功和 0.86Mvar 的感性无功，需具备动态无功调节能力，以满足补偿的需要。

在计及逆变器的无功容量及调节能力（为 ±9.4）时，本工程无需配置容性无功和感性无功。

二、光伏电站接入 66kV 系统的调相计算

光伏电站接入系统的调相计算，主要是为了验证在电压合格时，配置的无功容量能不能满足要求。

以 2016 年为计算水平年，采用夏大和冬小运行方式，光伏电站装机按 30MW 考虑，进行调相计算。光伏电站升压站主变压器变比按 69/10.5 （kV），经计算选取电压偏差最大的故障方式为 220kV 莫格变电站—哲乔变电站单回线路故障退出运行。结果见表 7-8 和表 7-9。

表 7-8　　　　　　　　　夏大方式调相计算结果表

光伏电站出力	运行方式	66kV 母线		10kV 母线		66kV 线路出口		66kV 线路出口功率因数	补偿的无功容量（Mvar）
		电压（kV）	偏差	电压（kV）	偏差	P（MW）	Q（Mvar）		
0	正常方式	68.6	3.94%	10.2	2.00%	0	0	1	−0.7
	故障方式	68.4	3.64%	10.2	2.00%	0	0	1	−0.7
50%	正常方式	68.5	3.79%	10.2	2.00%	13.5	0.1	1	2.1
	故障方式	68.3	3.48%	10.1	1.00%	13.5	0.1	1	2.1
100%	正常方式	68.4	3.63%	10.1	1.00%	27	0.3	1	8.2
	故障方式	68.2	3.33%	10.1	1.00%	27	0.3	1	8.2

表 7-9　　　　　　　　　冬小方式调相计算结果表

光伏电站出力	运行方式	66kV 母线		10kV 母线		66kV 线路出口		66kV 线路出口功率因数	补偿的无功容量（Mvar）
		电压（kV）	偏差	电压（kV）	偏差	P（MW）	Q（Mvar）		
0	正常方式	69.6	5.43%	10.4	4.00%	0	0	1	−0.8
	故障方式	69.5	5.30%	10.4	4.00%	0	0	1	−0.8
50%	正常方式	69.5	5.30%	10.4	4.00%	13.5	0.1	1	1.9
	故障方式	69.4	5.15%	10.4	4.00%	13.5	0.1	1	1.9
100%	正常方式	69.4	5.15%	10.4	4.00%	27	0.2	1	8
	故障方式	69.3	5.00%	10.3	3.00%	27	0.2	1	8

由表 7-8 可知，夏大运行方式下，升压变压器变比为 69/10.5，主变压器高压侧功率因数为 1 时，补偿 0.7（感性）～8.2（容性）无功时，66kV 侧冬大故障方式最低电压为 68.2kV，电压偏差为 3.33%；10kV 侧故障方式最低电压为 10.1kV，电压偏差为 1.00%；满足电压偏差的规定。

由表 7-9 可知，冬小运行方式下，升压变压器变比为 69/35，主变压器高压侧功率因数为 1 时，补偿 0.8（感性）～8（容性）无功时，光伏电站出力为零时，66kV 侧电压最高为 69.6kV 电压偏差为 5.43%（比表 7-2 中都高）；10kV 侧电压最高为 10.4kV 电压偏差为 4.00%（比表 7-2 中都高）。

大负荷故障方式光伏发电站电压最低值，而小负荷光伏发电站出力为零时光伏发电站电压最高，这样找出光伏发电站电压变化极限，而此时光伏发电站电压变化没超过 GB 12325—2008《电能质量供电电压允许偏差》规程规定"发电厂和 220kV 变电站的 110kV~35kV 母线，正常运行方式时，电压允许偏差为系统额定电压的−3%~7%；事故方式时为系统额定电压的−10%~10%。"的值。由此可知，本工程的无功配置能够满足光伏电站的调相要求。

三、光伏电站接入 66kV 系统的调压计算

光伏电站接入系统的调压计算，主要是为了选择合理的升压变压器电站变比。

以 2016 年为计算水平年，采用夏大和冬小运行方式，进行调压计算。光伏电站升压站主变压器变比分别按 66/10.5 和 69/35 考虑，经计算选取电压偏差最大的故障方式为 220kV 莫格变电站—哲乔变电站单回线路故障退出运行。调压计算结果见表 7-10 和表 7-11。

表 7-10　　　　　变比为 66/10.5 的调压计算结果表

负荷方式	光伏电站出力	运行方式	66kV 母线		10kV 母线		补偿的无功容量（Mvar）
			电压（kV）	偏差	电压（kV）	偏差	
夏大方式	0	正常方式	68.6	3.90%	10.2	2.00%	−0.7
		故障方式	68.4	3.64%	10.2	2.00%	−0.7
	100%	正常方式	68.4	3.64%	10.1	1.00%	8.2
		故障方式	68.2	3.33%	10.1	1.00%	8.2
冬小方式	0	正常方式	69.6	5.43%	10.4	4.00%	−0.8
		故障方式	69.5	5.28%	10.4	4.00%	−0.8
	100%	正常方式	69.3	5.06%	10.4	4.00%	8
		故障方式	69.3	4.94%	10.3	3.00%	8

表 7-11　　　　　变比为 69/10.5 的调压计算结果表

负荷方式	光伏电站出力	运行方式	66kV 母线		10kV 母线		补偿的无功容量（Mvar）
			电压（kV）	偏差	电压（kV）	偏差	
夏大方式	0	正常方式	68.6	3.94%	10.2	2.00%	−0.7
		故障方式	68.4	3.64%	10.2	1.70%	−0.7

负荷方式	光伏电站出力	运行方式	66kV 母线		10kV 母线		补偿的无功容量（Mvar）
			电压（kV）	偏差	电压（kV）	偏差	
夏大方式	100%	正常方式	68.4	3.64%	10.1	1.00%	8.2
		故障方式	68.2	3.33%	10.1	1.00%	8.2
冬小方式	0	正常方式	69.6	5.45%	10.4	4.00%	−0.8
		故障方式	69.5	5.30%	10.4	4.00%	−0.8
	100%	正常方式	69.4	5.15%	10.4	4.00%	8
		故障方式	69.3	5.00%	10.3	3.00%	8

由表 7-10 可知，升压变压器变比为 66/35 时，夏大、冬小运行方式下，66kV 的电压运行在 68.2～69.6kV，电压偏差为 3.33%～5.45%；10kV 的电压运行在 10.1～10.4kV，电压偏差为 1%～4%；满足电压偏差的规定。

由表 7-11 可知，升压变压器变比为 69/35 时，夏大、冬小运行方式下，66kV 的电压运行在 68.2～69.6kV，电压偏差为 3.34%～5.43%；10kV 的电压运行在 10.1～10.4kV，电压偏差为 1%～4%；满足电压偏差的规定。

由上述结果可知，光伏电站升压变压器 66kV 电压运行在 69kV 附近，故可采用升压变压器变比为 69±2×2.5%/10 的普通变压器，但考虑到地区新建的 66kV 变电站主变压器采用 69±8×1.25%/10.5kV 的有载调压变压器，莫西风电场升压变电站主变压器采用 69±8×1.25%/10.5kV 的有载调压变压器可与地区变压器相适应，又考虑光伏电站出力变化的特性，为提高地区电网调压能力与水平推荐采用 69±8×1.25%/10.5kV 的有载调压变压器。

参 考 文 献

[1] 纪雯. 电力系统设计手册 [M]. 北京：中国电力出版社，1998.

[2] 鲁国栋，孔庆东. 火力发电厂厂址选择手册 [M]. 北京：水利电力出版社，1990.

[3] 孔庆东. 核电厂的厂址选择 [J] 黑龙江电力技术. 1992 年 No.12： 363-368.

[4] 孔庆东. 核电厂厂址选择中的特殊问题 [J] 电力建设. 1993 年第 14 卷第 7 期：6-7.

[5] 国家电网公司 500(300)kV 变电站典型设计工作组. 国家电网公司 500kV 变电站典型设计（2005 年版）[M]. 北京：中国电力出版社，2005.

[6] 孔繁力，等. 叠层配电装置方案研究 [J]. 吉林电力，2014（4）：9-13.

[7] 孔庆东，等. 电网规划设计报告编写范本 [M]. 北京：中国电力出版社，2016.

[8] 孔庆东. 农村供电网串联电容补偿与并联补偿的经济技术比较 [J]. 农业电工技术. 1966（1）：22-25.

[9] 孔庆东. 用户变电所装设静电电容器的经济性 [J]. 电力技术，1982（11）：43-45.

[10] 孔庆东. 如何选择变电站内静电电容器的容量 [J]. 东北电力技术. 1982（1）：43-44.

[11] 孔庆东. 电力系统中无功补偿电容器的合理配置 [J]. 吉林电力技术. 1983（3）：38-41.

[12] 郑志勤，刘劲松，孔庆东. 黑龙江省 500kV 电网装设高、低压电抗器情况调查与分析 [J]. 东北电力技术. 2007（4）：21-23.

[13] 席晶，李海燕，孔庆东. 风电场投切对地区电网电压的影响 [J]. 电网技术. 2008（5）：58-62.

[14] 孔庆东. 500kV 变电站无功补偿设备额定电压的选择与配合 [J]. 东北电力技术. 2008（8）：42-45.

[15] 孔庆东，等. 发电输变电工程接入系统设计报告编写指南 [M]. 北京：中国电力出版社，2014.